国家职业技能等级认定培训教程
国家基本职业培训包教材资源

美 发 师

（基础知识）

U0363320

编审委员会

主　任　刘　康　张　斌

副主任　荣庆华　冯　政

委　员　葛恒双　赵　欢　王小兵　张灵芝　吕红文　张晓燕　贾成千
　　　　高　文　瞿伟洁

本书编审人员

主　编　董元明　刘金华

编　者　蔡克非　孙慧娟　黄　群　秦德海　张心怡　黄小檬　张莹寅

主　审　陈林声

审　稿　郑春辛　汪三友　张晓妍

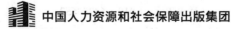
中国人力资源和社会保障出版集团

中国劳动社会保障出版社　　中国人事出版社

图书在版编目（CIP）数据

美发师. 基础知识 / 中国就业培训技术指导中心组织编写. -- 北京：中国劳动社会保障出版社：中国人事出版社，2021

国家职业技能等级认定培训教程

ISBN 978-7-5167-1365-5

Ⅰ.①美… Ⅱ.①中… Ⅲ.①理发–技术培训–教材 Ⅳ.①TS974.2

中国版本图书馆 CIP 数据核字（2021）第 050958 号

中国劳动社会保障出版社
中国 人 事 出 版 社 出版发行

（北京市惠新东街 1 号　邮政编码：100029）

*

三河市华骏印务包装有限公司印刷装订　　新华书店经销

787 毫米 × 1092 毫米　16 开本　12.75 印张　200 千字

2021 年 4 月第 1 版　　2021 年 4 月第 1 次印刷

定价：36.00 元

读者服务部电话：（010）64929211/84209101/64921644

营销中心电话：（010）64962347

出版社网址：http://www.class.com.cn

前　言

为加快建立劳动者终身职业技能培训制度，大力实施职业技能提升行动，全面推行职业技能等级制度，推进技能人才评价制度改革，促进国家基本职业培训包制度与职业技能等级认定制度的有效衔接，进一步规范培训管理，提高培训质量，中国就业培训技术指导中心组织有关专家在《美发师国家职业技能标准（2018年版）》（以下简称《标准》）制定工作基础上，编写了美发师国家职业技能等级认定培训教程（以下简称等级教程）。

美发师等级教程紧贴《标准》要求编写，内容上突出职业能力优先的编写原则，结构上按照职业功能模块分级别编写。该等级教程共包括《美发师（基础知识）》《美发师（初级）》《美发师（中级）》《美发师（高级）》《美发师（技师　高级技师）》5本。《美发师（基础知识）》是各级别美发师均需掌握的基础知识，其他各级别教程内容分别包括各级别美发师应掌握的理论知识和操作技能。

本书是美发师等级教程中的一本，是职业技能等级认定推荐教程，也是职业技能等级认定题库开发的重要依据，已纳入国家基本职业培训包教材资源，适用于职业技能等级认定培训和中短期职业技能培训。

本书在编写过程中得到上海市职业技能鉴定中心、上海美发美容行业协会、上海市第二轻工业学校、上海市商业学校、上海市市北职业高级中学、上海第二工业大学、上海永琪美容美发技能培训学校、上海文峰职业技能培训学校的大力支持与协助，在此一并表示衷心感谢。

中国就业培训技术指导中心

目 录 ▍CONTENTS

职业模块 ① 美发师职业认知与职业道德

培训项目 **1**

美发师职业认知

培训重点

熟知美发行业的性质。

熟悉美发师职业的工作任务。

一、美发行业简介

美发师为社会群体中有美发需求的消费者提供相应服务。美发行业属于服务性行业,在中华人民共和国法律规定的框架内,按照国家职业分类大典要求,为社会人群提供规范的美发服务。

二、美发师职业简介

美发师是使用美发工具设计、修剪、制作顾客发型的人员。

美发师的主要工作任务包括:①根据顾客发质选用洗发产品和方式,为顾客洗发;②根据顾客头型设计发型,并使用美发工具为顾客剪发;③根据顾客身体外形及要求,使用染发剂、烫发剂等为顾客染发或烫发;④根据顾客脸型运用束发工具和盘发技巧为顾客束发造型;⑤运用按摩手法和指法为顾客按摩;⑥使用剃刀等净面工具为顾客净面;⑦根据顾客发质选择护发、固发产品,为顾客护发或固发;⑧根据顾客头皮状态,使用护理仪器和产品,为顾客进行头皮护理。

培训项目 2

美发师职业道德

培训重点

熟悉职业的含义及特征。

了解职业分类和职业类型划分。

熟悉美发师职业定义和国家职业技能标准的有关内容。

了解道德、职业道德和美发行业职业道德的含义。

了解职业道德的基本要素、特征及基本规范。

掌握美发师的职业守则。

一、职业与职业道德

1. 职业

（1）职业的含义。职业是指从业人员为获取主要生活来源所从事的社会工作类别。

（2）职业的特征

1）目的性。职业活动以获得现金、实物等报酬为目的。

2）社会性。职业是从业人员在特定社会生活环境中所从事的一种与其他社会成员相互关联、相互服务的社会活动。

3）稳定性。职业在一定的历史时期内形成，并具有较长生命周期。

4）规范性。职业活动必须符合国家法律和社会道德规范。

5）群体性。职业必须具有一定的从业人数。

（3）职业的属性

1）职业的社会属性。职业是人类在生产劳动过程中的分工现象，它体现的是劳动力与生产资料之间的结合关系、劳动者之间的关系，以及不同职业之间的劳动交换关系。这种劳动过程中形成的人与人之间的关系无疑是社会性的。劳动交换反映了不同职业之间的等价关系，反映了职业活动的社会属性。

2）职业的规范属性。职业的规范属性应该包含两层含义：一是指职业内部操作的规范性，二是指职业道德的规范性。不同的职业在其劳动过程中都有一定的操作规范，这是保证职业活动专业性的要求。当不同职业对外展现其服务时，还存在一个伦理范畴的规范，即职业道德。这两种规范性构成了职业规范的内涵与外延。

3）职业的功利属性。职业的功利属性也称为职业的经济属性，是指职业作为人们赖以谋生的劳动过程所具有的逐利性。职业活动既满足劳动者自己的需要，也满足社会的需要，只有把职业的个人功利性与社会功利性结合起来，职业活动及其职业生涯才具有生命力和价值。

4）职业的技术属性和时代属性。职业的技术属性是指每一种职业都表现出与职业活动相对应的技术要求和技能要求。职业的时代属性是指由于社会进步和科学技术的发展，人们的生活方式、习惯等因素的变化给职业打上符合时代要求的烙印。

（4）职业分类

1）职业分类的含义。职业分类是指以工作性质的同一性或相似性为基本原则，对社会职业进行的系统划分与归类。职业分类作为制定职业技能标准的依据，是促进人力资源科学化、规范化管理的重要基础性工作。

2）职业类型划分。目前，《中华人民共和国职业分类大典（2015 年版）》将我国职业划分为以下八大类：第一大类，包含党的机关、国家机关、群众团体和社会组织、企事业单位负责人；第二大类，包含专业技术人员；第三大类，包含办事人员和有关人员；第四大类，包含社会生产服务和生活服务人员；第五大类，包含农、林、牧、渔业生产及辅助人员；第六大类，包含生产制造及有关人员；第七大类，包含军人；第八大类，包含不便分类的其他从业人员。其中，以职业活动所涉及的经济领域、知识领域以及所提供的产品和服务种类为主要参照，将职业划分为 75 个中类、434 个小类；以职业活动领域和所承担的职责，工作任务的专门性、专业性与技术性，服务类别与对象的相似性，工艺技术、使用工具设备或主要原材料、产品用途等的相似性，同时辅之以技能水平相似性为依据，共设置了 1 481 个职业。美发师属于国家职业分类中第四大类社会生产服务和生活服务人员中的第十中类居民服务人员中的第三小类美容美发和浴池服务人员中的一个职业，职业编码为 4-10-03-02。

美发师职业定义为：使用美发工具设计、修剪、制作顾客发型的人员。

（5）国家职业技能标准

1）国家职业技能标准的含义。国家职业技能标准（简称职业技能标准）是指通过工作分析方法，描述胜任各种职业所需的能力，客观反映劳动者知识水平和技能水平的评价规范。职业技能标准既反映了企业和用人单位的用人要求，也为职业技能等级认定工作提供依据。

2）美发师国家职业技能标准。该标准由人力资源社会保障部于 2018 年 12 月公布施行。该标准以"职业活动为导向、职业技能为核心"为指导思想，对美发从业人员的职业活动内容进行了规范细致描述，对各等级从业人员的技能水平和理论知识水平进行了明确规定。美发师职业共设五个等级，分别为五级/初级工、四级/中级工、三级/高级工、二级/技师、一级/高级技师。该标准包括职业概况、基本要求、工作要求和权重表四个方面的内容，含有工作准备、接待服务、洗发与按摩、发型设计、整体设计、发型制作、剃须与修面、胡髭与胡须修饰、染发、头皮与头发护理、接发与假发操作、漂发与染发、培训与管理等职业功能。

2. 道德

（1）道德的含义。马克思主义伦理学认为，道德是人类社会特有的，由社会经济关系决定的，依靠内心信念、社会舆论、风俗习惯等方式来调整人与人之间、人与社会之间，以及人与自然之间关系的特殊行为规范的总和。它包含了三层含义。一是道德的性质、内容是由社会生产方式、经济关系（即物质利益关系）决定的，也就是说，有什么样的生产方式、经济关系，就有什么样的道德体系。二是道德是以善与恶、好与坏、偏私与公正等作为标准来调整人们之间行为的。一方面，道德作为标准，影响着人们的价值取向和行为模式；另一方面，道德也是人们对行为选择、关系调整做出善恶判断的评价标准。三是道德不是由专门的机构来制定和强制执行的，而是依靠社会舆论和人们的内心信念、传统思想和教育的力量来调节的。根据马克思主义理论，道德属于社会上层建筑，是一种特殊的社会现象。

（2）道德的分类。根据道德的表现形式，人们通常把道德分为家庭美德、社会公德和职业道德三大领域。作为从事某一特定职业的从业人员，要结合自身实际，加强职业道德修养，担负职业道德责任；同时，作为社会和家庭的重要成员，从业人员也要加强社会公德、家庭美德修养，担负起应尽的社会责任和家庭责任。

3. 职业道德

（1）职业道德的含义。职业道德是指从事一定职业的人们在职业活动中应该遵循的，依靠社会舆论、传统习惯和内心信念来维持的行为规范的总和。它调节从业人员与服务对象、从业人员之间、从业人员与职业之间的关系。它是职业或行业范围内的特殊要求，是社会道德在职业领域的具体体现。

（2）职业道德的基本要素

1）职业理想。职业理想是人们对职业活动目标的追求和向往，是人们的世界观、人生观、价值观在职业活动中的集中体现。它是形成职业态度的基础，是实现职业目标的精神动力。

2）职业态度。职业态度是人们在一定社会环境的影响下，通过职业活动和自身体验所形成的对岗位工作的一种相对稳定的劳动态度和心理倾向。它是从业人员精神境界、职业道德素质和劳动态度的重要体现。

3）职业义务。职业义务是人们在职业活动中自觉履行对他人、社会应尽的职业责任。我国的每一个从业人员都有维护国家、集体利益，为人民服务的职业义务。

4）职业纪律。职业纪律是从业人员在岗位工作中必须遵守的规章、制度、条例等职业行为规范。例如，国家公务员必须廉洁奉公、甘当公仆，公安、司法人员必须秉公执法、铁面无私等。这些规定和纪律要求，都是从业人员做好本职工作的必要条件。

5）职业良心。职业良心是从业人员在履行职业义务中所形成的对职业责任的自觉意识和自我评价。人们所从事的职业和岗位不同，其职业良心的表现形式也往往不同。例如，商业人员的职业良心是"诚实无欺"，医生的职业良心是"治病救人"。从业人员能做到这些，内心就会得到安宁；反之，内心会产生不安和愧疚感。

6）职业荣誉。职业荣誉是社会对从业人员职业道德活动的价值所做出的褒奖和肯定评价，以及从业人员在主观认识上对自己职业道德活动的一种自尊、自爱的荣辱意向。当从业人员职业行为的社会价值赢得社会公认时，就会由此产生荣誉感，反之则会产生耻辱感。

7）职业作风。职业作风是从业人员在职业活动中表现出来的相对稳定的工作态度和职业风范。从业人员在职业岗位中表现出来的尽职尽责、诚实守信、奋力拼搏、艰苦奋斗的作风等，都属于职业作风。职业作风是一种无形的精神力量，对从业人员取得事业成功具有重要作用。

（3）职业道德的特征。职业道德作为职业行为的准则之一，与其他职业行为准则相比，体现出以下六个特征。

1）鲜明的行业性。行业之间存在差异，各行各业都有特殊的职业道德要求。

2）适用范围的有限性。一方面，职业道德一般只适用于从业人员的岗位活动；另一方面，不同的职业道德之间也有共同的特征和要求，存在共通的内容，如敬业、诚信、互助等，但在某些特定行业和具体岗位上，必须有与该行业、该岗位相适应的具体的职业道德规范。这些特定的规范只在特定的职业范围内起作用，只对该行业和该岗位的从业人员具有指导和规范作用。

3）表现形式的多样性。职业领域的多样性决定了职业道德表现形式的多样性。随着社会经济的高速发展，社会分工将越来越细，越来越专业，职业道德的内容也必然千差万别。各行各业为适应本行业的公约、规章制度、员工守则、岗位职责等要求，都会将职业道德的基本要求规范化、具体化，使职业道德的具体规范和要求呈现多样性。

4）一定的强制性。职业道德除了通过社会舆论和从业人员的内心信念来对职业行为进行调节外，与职业责任和职业纪律也紧密相连。职业纪律属于职业道德的范畴，当从业人员违反了具有一定法律效力的职业章程、职业合同、职业责任、操作规程，给企业和社会带来损失和危害时，职业道德就将用其具体的评价标准对违规者进行处罚，轻则受到经济和纪律处罚，重则移交司法机关，由法律进行制裁，这就是职业道德强制性的表现。但在这里需要注意的是，职业道德本身并不具有强制性，而是其总体要求与职业纪律、行业法规具有重叠内容，一旦从业人员违背了这些纪律和法规，除了受到职业道德的谴责外，还要受到纪律和法规的处罚。

5）相对稳定性。职业一般处于相对稳定的状态，因此反映职业要求的职业道德必然也处于相对稳定的状态。如商业行业"诚信为本、童叟无欺"的职业道德，医务行业"救死扶伤、治病救人"的职业道德等，千百年来为相关行业的从业人员所传承和遵守。

6）利益相关性。职业道德与物质利益具有一定的关联性。利益是道德的基础，各种职业道德规范及表现状况关系到从业人员的利益。对于爱岗敬业的员工，企业不仅应该给予精神方面的鼓励，也应该给予物质方面的褒奖；相反，违背职业道德、漠视工作的员工则会受到批评，严重者还会受到处罚。一般情况下，当企业将职业道德规范，如爱岗敬业、诚实守信、团结互助、勤劳节俭等纳入企业管理制度时，都要将它与自身的行业特点、要求紧密结合在一起，变成更加具体、明确、严格的岗位责任或岗位要求，并制定相应的奖励和处罚措施，与从业人员的物质利益挂钩，强调责、权、利的有机统一，便于监督、检查、评估，以促进从业人员更好地履行自己的职业责任和义务。

（4）职业道德基本规范。"爱岗敬业、诚实守信、办事公道、服务群众、奉献社会"，这是所有从业人员都应奉行的职业道德基本规范。

1）爱岗敬业。爱岗敬业作为最基本的职业道德规范，是对人们工作态度的一种普遍要求，是中华民族传统美德和现代企业发展的要求。爱岗就是热爱自己的工作岗位、热爱本职工作，敬业就是要用一种恭敬严肃的态度对待自己的工作。

2）诚实守信。诚实守信是做人的基本准则，也是社会道德和职业道德的一项基本规范。诚，就是真实不欺，言行和内心想法一致，不弄虚作假。信，就是真心实意地遵守、履行诺言。诚实守信是指真实无欺、遵守承诺和契约的品德及行为。诚实守信体现着道德操守和人格力量，也是具体行业、企业立足的基础，具有很强的现实针对性。

3）办事公道。办事公道是对人和事的一种态度，也是千百年来为人们所称道的职业道德。公道就是处理事情坚持原则，不偏袒任何一方。办事公道强调在职业活动中应遵从公平与公正的原则，要做到公平公正、不计较个人得失、光明磊落。

4）服务群众。服务群众就是为人民群众服务。在社会生活中，人人都是服务对象，人人又都为他人服务。服务群众作为职业道德的基本规范，是对所有从业人员的要求。在社会主义市场经济条件下，要真正做好服务群众，首先，心中要时时有群众，始终把人民的根本利益放在心上；其次，要充分尊重群众，尊重群众的人格和尊严；最后，要千方百计方便群众。

5）奉献社会。奉献社会就是积极自觉地为社会做贡献。奉献，就是不论从事何种职业，从业人员的目的不是为了个人、家庭，也不是为了名和利，而是为了有益于他人，为了有益于国家和社会。正因如此，奉献社会是社会主义职业道德的本质特征。社会主义建立在以公有制为主体的经济基础之上，广大劳动人民当家做主，因此，社会主义职业道德必须把奉献社会作为从业人员重要的道德规范，作为从业人员根本的职业目的。奉献社会并不意味着不要个人的正当利益，不要个人的幸福。恰恰相反，一个自觉奉献社会的人才能真正找到个人幸福的支撑点。个人幸福是在奉献社会的职业活动中体现出来的。奉献和个人利益是辩证统一的，奉献越大，收获越多。

二、美发行业职业道德

1. 美发行业职业道德的含义

美发行业职业道德是指美发从业人员在从事美发职业活动时，从思想到工作行为都必须遵守的职业道德规范和职业守则。

2. 美发行业职业道德的特点

（1）美发安全的责任性。美发从业人员必须提高职业道德修养，落实岗位职责，不断提高自身的职业技能和安全意识。

（2）工作标准的原则性。美发从业人员服务于有美发需求的顾客。美发行业职业道德的内容与美发从业人员的职业活动紧密相连。作为美发从业人员，工作中必须坚持安全、合法、高效的原则，遵守国家相关法律法规，严格按照国家职业技能标准执业，遵从相关安全技术规范和标准。

（3）职业行为的指导性。美发行业职业道德对美发从业人员的职业行为具有重要的导向作用，有利于从业人员树立高度的社会责任感、使命感，树立正确的人生观、从业观，转变服务理念，讲究服务质量。

（4）规范从业的约束性。美发行业职业道德是从美发从业人员长期的职业经历中提炼形成的，作为具体实践的行业规范和职业要求，易于为美发从业人员接受并在职业活动中自觉规范自己的言行和操作。

3. 美发行业职业道德的作用

（1）有利于规范职业秩序和职业行为。美发行业职业道德有利于调节职业关系，并对职业活动的具体行为进行规范。一方面，美发行业职业道德可以调节美发从业人员内部的关系，约束职业行为，促进职业内部人员的团队协作，在工作中不断提高职业技能，自觉抵制不良行为，共同为发展本行业、本职业服务。另一方面，美发行业职业道德又可以调节美发从业人员和服务单位之间的关系。

（2）有利于提高职业素质，促进本行业的发展。美发行业职业道德是评价美发从业人员职业行为好坏的标准，能够促使从业人员做好工作，树立良好的行业信誉。美发从业人员只有不断加强职业道德修养，提高职业素质，才能得到社会认可，实现自我价值。

（3）有利于促进社会良好道德风尚形成。美发行业职业道德是本行业全体从业人员的行为表现。如果每一名美发从业人员都能够做到对自己负责、对工作负责、对社会负责，就会塑造良好的社会形象，可以影响带动其他行业形成优良的道德风尚，对整个社会道德水平的提高发挥重要作用。

三、美发师职业守则

美发服务过程需要一个保证各项工作有序、顺利开展的规则，以达到预期的服务目标，这个规则就是美发师职业守则。从事美发工作的全体人员都必须遵守美发师职业守则。美发师职业守则是为从事美发工作的人员制定的职业行为规范，其标准就是以诚信的服务让顾客满意。

1. 爱国守法

"爱国守法"四个字在职业守则中摆在首位。爱国守法是每个公民都应履行的道德责任，美发师更应该承担这一道德责任。

"爱国"就是要求公民发扬爱国主义精神，为维护民族自尊心、自信心和自豪感，为维护和争取祖国的独立、统一、富强和荣誉而奉献。个人命运和国家命运紧密相连，没有国家的昌盛就没有个人的尊严和幸福，更没有美发行业的未来。

"守法"就是要求公民不仅有知法、懂法、遵法的法律意识，还要把法律意识转化为自觉依法行使权利、履行义务的法律行为，使自己的言行合乎法律的规范。"守法"之所以和"爱国"并列为职业守则的第一条，是因为两者同为道德的底线，是每个美发师必备的最重要的道德品质和最基本的道德水准。

2. 爱岗敬业

爱岗敬业就是美发师要做好自己的本职工作，每个人都把本职的事情做好，完成自己的每项工作任务，用自己的工作成果实现自我价值。美发师要不断完善、不断进步，坚守自己的工作岗位，做好每一天的每一项工作。

3. 诚信规范

美发行业是服务性行业，它所面对的是社会大众，它以提供服务的方式美化人们的生活。美发师在工作过程中要引导行业自律，把保护消费者的合法权益放在首位，营造诚信规范经营、公平竞争的良好氛围。

4. 安全卫生

美发行业要建立职业健康安全管理体系，消除或减少经营服务过程中可能面临的职业健康安全、公共环境安全、工具消毒安全、工具使用安全等风险。

5. 传承弘扬

弘扬美发行业优秀传统文化，提高美发师的道德素养和技术能力，是从事美发行业工作的每个人必须要坚守的信念。美发技艺的创新，总是来源于不断的传承、弘扬和变化。美发工具创新、操作工艺创新、发型设计创新等都离不开这一规律。

6. 刻苦钻研

刻苦钻研是每一位美发从业人员必须具备的职业精神。美发行业主要是通过提供技艺的方式服务于顾客。而技艺的不断创新、不断提高，必须通过勤学苦练和深入研究。

7. 坚持匠心

"匠心精神"就是认认真真、反反复复、一点一滴地做好每一件事情。这是美发师应该学习的精神。美发师一定要坚持不懈、精益求精，只要能够坚持匠心，就离成功不远了。

8. 精益求精

要想做好美发工作不是一件很难的事情，但如果想达到更高的境界就必须要精益求精，美发服务过程中在技术上执着追求精益求精，在服务上追求全心全意为顾客服务。

思考题

1. 美发师职业属于国家职业分类中的什么大类？
2. 职业道德有哪些特征？
3. 美发师职业守则的内容包括哪些？

职业模块 ②
美发发展简史

培训项目 1

国内美发发展简史

培训重点

了解国内美发发展历史。

了解国内美发发展现状。

了解国内美发发展前景。

一、国内美发发展历史

美发在我国发展历史悠久，源远流长，从原始穴居时期的蓬发阶段、挽髻阶段，发展到今日的短发阶段。

远古旧石器时代，人们的头发都任其生长，自然地留着长发。长长的头发凌乱地披散在头上，给生活带来诸多不便，特别是狩猎时在丛棘树林中奔跑，披散的头发缠绕在树枝上，容易危及生命。因此，到了新石器时代，人类将一贯的披发过渡到束发，即使用发丝系束，如图 2-1 所示。这时，中国发式首度出现扎发的观念，并很快演变成左右两侧的辫发，如图 2-2 所示。

同时，人们还用项链、手镯、指环来装饰自己。这些饰物大多是由玉石、兽骨等制成的。当时，出现了专门用于梳理头发的骨梳、骨笄和插在头发上的插梳，如图 2-3 所示。

人们在长期的生产实践中逐步观察到孔雀头顶的羽冠，麋鹿、牛、羊等动物头上的犄角，从中受到启示，开始模仿珍禽异兽来修饰头部，将头发挽在头顶扎束成髻。

图2-1　束发

图2-2　辫发

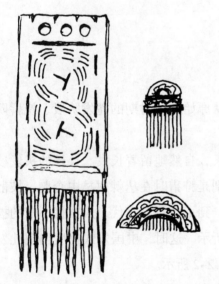

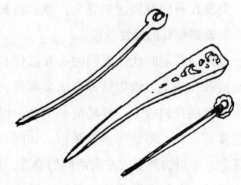

图2-3　插梳

　　商周时期，未成年的女子多是将头发分两束集于头顶，其形状与树枝丫杈相似，称为总角，如图2-4所示，因此未成年女子有"丫头"的称谓。随着生产力的不断发展，在青铜器普遍使用时人们开始用铜梳、铜笄乃至金笄等固发工具将头发挽束于头顶或脑后。挽束的方式和部位不同，也会产生不同的效果，如图2-5所示。

图 2-4　总角

图 2-5　挽束

战国时期，出现了形如树枝丫杈的发钗，并有了整发的专门工具——栉。栉包括梳与篦，多用竹子制成，梳齿粗而稀，篦齿细而密。梳理头发用梳，清除发垢用篦。可见，那时对于头发的清洁还处于"干洗"阶段。更为进步的是，当时还出现了专门盛放梳与篦的妆奁——梳盒。当时人们还发明了形如鸟兽冠角的冠饰，如图 2-6 所示。在《左传》《史记》中都提到过鹬冠、鹖冠等冠名。居住在西南地区的妇女开始流行梳理椎髻，如图 2-7 所示。

17

图 2-6 鸟兽冠角

图 2-7 椎髻

　　秦汉时期，国家统一，出现了以修剪头发为职业的工匠。鬓发出现了明显的加工痕迹，即大多数修剪成近似直角状（见图 2-8），给人以庄重、朴实之感。垂髻、堕马髻也开始流行起来，如图 2-9 所示。头饰更加繁多，簪笔、簪珥、簪花、凤冠、步摇、胜、衬饰等，不一而足。簪笔：大臣上朝插笔于首，有事则书于笏。簪珥：由于秦汉时期的妇女不得穿耳，所以就将玉制的耳饰——珥系在簪上插于发髻。簪花：汉代的妇女喜欢在髻旁插一朵花，而且还有随季节插时令花的习俗。凤冠：以凤凰饰首，为冠饰中最贵重的。步摇：底座为钗，钗上缀有活动的花枝，随步履的颤动而不停地摇曳，可见当时的发饰已经有了动态美的要求。胜：系在簪钗顶端，出现于鬓旁，是一种吉祥之物，有金、玉等多种质地。衬饰：用两股铁条合并弯曲制成，外面用细铁丝缠绕，呈独角钗状，用于支撑发髻。

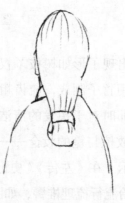

图 2-8 近似直角状鬓发　　　　　　　　图 2-9 垂髻、堕马髻

当时的人们，特别是头发稀少或脱发的妇女为了追求时尚，开始在发间结上黑色的丝或黑色的丝绒，由此假发开始出现，并且还有了由假发制成的形似发髻的饰物，用时只要套在头上即可，外观就像一顶帽子，称为巾帼，如图 2-10 所示。由于是属于妇女专用，因此巾帼引申为妇女的代称。那时，男子到了 20 岁要举行戴冠仪式，称为冠礼，标志着男子已成年，由于刚满 20 岁，体犹未壮，又称为弱冠。

到了东汉末年，不少妇女将鬓发整理成弯曲的钩状，称为钩鬓，如图 2-11 所示。

三国时期，流行如游蛇一样盘曲扭转的灵蛇髻，如图 2-12 所示。

图 2-10　巾帼　　　　　图 2-11　钩鬓　　　　　图 2-12　灵蛇髻

晋朝和南北朝时期，理发职业已经很普遍了，妇女发式及装饰开始发展，出现了动感极强的飞天髻（见图 2-13）、庄重大方的盘桓髻（见图 2-14）、惊鹄髻（见图 2-15）等。与之相应的饰物有金钿、柜架等。金钿是以金属制成的花状饰物，类似假花等仿真饰物。柜架是由铜或银制成的各种形状的饰物，主要用于支撑发髻。

隋唐时期，特别是到了唐朝，妇女以胖为美，发髻式样更加异彩纷呈，包括似行云流水的云髻（见图 2-16）、先结扎后弯曲成环状的双环望仙髻（见图 2-17）、形状如翻卷荷叶的半翻髻（见图 2-18）、酷似海螺的螺髻（见图 2-19）、高耸陡峭的峨髻（见图 2-20）、以鬓发包面的抛家髻（见图 2-21）等。

图 2-13　飞天髻

图 2-14　盘桓髻

图 2-15　惊鹄髻

图 2-16　云髻

图 2-17　双环望仙髻

图 2-18　半翻髻

图 2-19　螺髻

图 2-20　峨髻

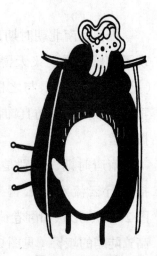

图 2-21　抛家髻

为了加大发体，当时也曾流行过用纸糊成的髻和用木料做成的髻等，统称为义髻。唐代妇女还包裹头巾——织锦，上面绘有花纹，只裹头顶、包住发髻。同时，唐代妇女还有往发髻上插梳、插篦的习惯，但多由象牙、玉、金、牛角、银片制成，至于点翠、金步摇则是更为讲究的昂贵发饰。

自宋代开始，理发行业开始发达，出现专门制作理发工具的作坊。宋朝多流行朝天髻（见图 2-22）、同心髻（见图 2-23）、流苏髻（见图 2-24）等。

图 2-22　朝天髻　　　　图 2-23　同心髻　　　　图 2-24　流苏髻

明朝盛行牡丹头，如图 2-25 所示。明清时的妇女喜欢在额间系扎，称为头箍，如图 2-26 所示。庄重、高雅的松鬓扁髻是明末清初的时髦发型，如图 2-27 所示。到了清朝，则时兴钵盂头、两把头（也称大拉翅，如图 2-28 所示）等发型，未婚的女子则是梳辫发。

图 2-25　牡丹头　　　　　　　　图 2-26　头箍

图 2-27　松鬓扁髻

图 2-28　大拉翅

清朝以前的男子多是蓄发留须，将头发挽成发髻，也有戴花的习惯，讲究冠式。清朝建立后，为维护统治，曾下"剃发令"，强制下令男子一律剃发梳辫，即自两耳画一条直线，直线前的头发，以及脑后脖子上的头发都要剃掉，只把未剃掉的头发编成辫，辫梢系上红色或黑色丝穗作为装饰。当时，到处都有理发挑子，理发工匠手执剃刀沿街招揽生意，给人理发。

鸦片战争后，中国逐步沦为半殖民地、半封建社会，一些革命者率先剪掉长辫以示与封建势力决裂。

清末，封建社会走向瓦解，西方文化艺术逐步渗透，民间的发式及装饰受其影响，朝着明快、简洁的方向发展。辛亥革命以后，时兴剪发，结束了漫长的束发阶段，迎来了色彩斑斓的短发新时代。

二、国内美发发展现状

从形式上可以看出，现代发型的发式轮廓由长到短、由短到长，发丝形态由直发变曲、由曲发拉直，发式造型由简到繁、由繁到简，发丝的色彩由单色变成多色，循环往复，周期发生变化。但不管怎么变，都是在更高文化艺术基础上的不断创新与创造。另外，在 20 世纪 60 年代至 70 年代非常盛行利用剃刀削发，这也是我国美发史上一个独特的传统技艺。进入 20 世纪 80 年代后，逐步被新的剪刀修剪方法所代替，在这一过程中剪刀工具的长短与种类也在逐步变化，层出不穷。

现代美发行业在国家的行业规范框架内运行良好，从业人员相对稳定，在日常的经营状态下收入也比较稳定，与其他第三产业相比收入处于中等较高水平，从业人员数量在增加，从业人员的学历和文化素质在提高，美发机构的运营模式多元化，服务性项目的种类在不断拓展。随着人们生活水平的不断提高，对美的欲望在不断攀升，美发的消费指数正朝着更高的方向发展。

1. 规模扩大

美发行业涉及服务业、生产业、销售业、教育培训业等方面，其中以服务业为主体。美发行业受教育培训人数在不断增加，从业人员的学历不断提高，美发机构的经营形式在不断变革与创新。虽然美发机构的运营规模总体仍以中小型企业为主，但在运营过程中，企业规模在不断刷新，与以前相比已经有了质的变化。

2. 消费人群增加

美发消费的人群涉及社会的各行各业，其中国家公职人员、技术人员、企业管理人员、外籍人员、外企从业人员、社会的自由职业者是主要的消费群体，约70% 以上的人对美发行业发展持乐观态度，在美发上的消费已成为他们生活中的一部分。

3. 连锁、加盟增加

目前，我国美发企业主要有家族式企业、合伙经营店、企业下属经营店、连锁经营店、加盟经营店、股份制企业等。从经营方面来看，正由单一的经营模式走向综合经营，经营的形式也在不断变化与创新，形成了多种经营的方式。再从经营规模来看，中小型的连锁经营、加盟经营占大多数。美发产业模式的提升和改造还远远没有完成，正在朝着国际化、现代化、标准化、规模化的经营管理模式发展。

4. 直销、网络式经营

在网络时代，美发机构的经营模式和服务项目随着网络的变化而改变。经营模式有连锁加盟（直营连锁、特许加盟）、股份制企业、网络经营、外企合作经营等。经营的项目不再是单一地提供美发服务，许多中型企业通过直销、网销美发用品，提供网上预约服务等，为顾客提供方便快捷的服务。

5. 从业者的素质有待提高

美发美容行业协会提供的统计数据表明，目前全国美发行业技术人员或管理人员文化知识较匮乏，直接影响行业从业人员的整体职业道德和专业技术水平，需要努力提高从业者的文化素质和专业技能。

三、国内美发发展前景

进入 21 世纪以来，我国的美发行业不断地与国际接轨，不断地设计和制作适合我国国情的发型，美发优秀人才也在不断地苗壮成长。

　　随着科学的不断进步，生产力的快速发展，许多高科技的成果不断被引入美发领域。烫发的微电脑化，护发机、焗油机、发质检测仪的电子化，使美发师能更好地利用科技手段去服务顾客。烫染发也在不断发生变化，从电烫头发到冷烫头发操作工艺的发展，从火钳烫到电卷棒烫的变革，烫发剂更新换代，染发用品也不断变化，色彩在不断增加。科学成果为美发行业提供了许多便捷，也对美发行业的发展起到了推动作用。美发已不仅仅是修剪和造型，而是向着保护头发、养护头发的方向发展，与之相适应的洗发液、护发素、烫发剂、染发剂、摩丝等用品将越来越专业、越来越环保，从而使美发技术沿着更加科学的道路发展。

培训项目 ②

国际美发发展简史

培训重点

了解国际美发发展历史。

了解国际美发发展现状。

了解国际美发发展前景。

一、国际美发发展历史

发型的发展历史源远流长。在远古时代，人类祖先为了打猎和生活方便，用软树枝、藤条将散乱的头发扎在脑后，形成了最古老的发型，后来人们又将头发扎在头的不同部位，这就形成了发型的变化，无数形式各异的扎发发型就这样形成了。

到了近代，20 世纪 30 年代，女性除了用服装、服饰装扮自己外，已开始追求头发的美，选择适合自己头型的发型来装饰自己，如图 2-29、图 2-30 所示。

图 2-29　波浪发

图 2-30　发型装饰

　　爱美是女人永远的主题，20 世纪 50 年代，染发的美发方法普遍被人们接受，逐渐成为潮流，如图 2-31 所示。

图 2-31　金发美人

　　20 世纪 70 年代是一个具有历史性意义的革命年代，社会生活的各个方面都在体现着变革和创新，两种截然相反的潮流共同主宰着当时的美发时尚界，西方发型的夸张派和国内发型界的保守派并存。嬉皮士们头顶巨大蓬松的奇特发型从美国旧金山出发，红遍全球，丰富多彩的头发颜色和染发的操作技巧也被人们接受，在成型的头发式样上更讲究头发的牢固性，如图 2-32、图 2-33 所示。

图 2-32　不同颜色染发

图 2-33　大蓬头

　　进入 20 世纪 80 年代后，女权运动的兴起深刻影响着女性生活的各个方面，女性更有意识地借助外在形象表达自己内心丰富的世界。烫发开始形成趋势并且达到了高峰，女性无论头发长短都在享受着烫发给她们带来的美感，如图 2-34 所示。

　　进入 21 世纪，头发颜色变化也在吸引着爱美人士的眼球，挑染技术和定型技术的日趋成熟又给人们带来前所未有的美发新乐趣和新体会。

图 2-34　20 世纪 80 年代的烫发

二、国际美发发展现状

1. 美发机构

在国际上，每个国家、每个地区对美发行业的要求以及机构组成的要求是不一样的。欧洲国家、美国、日本、韩国等美发行业发展历史较长，美发行业比较规范，相对而言发展的轨迹比较健康。欧洲对美发行业的从业人员有着一套严谨规范的制度。1947年法国开设了第一家美容美发学校，70多年来法国已形成了一整套完整的美发从业人员规范章程和严谨的操作要求。按照这个国家的有关规定，美发行业从业经验少于7年，没有受过专业培训的教师不得在美发美容培训学校执教。日本制定了《美发师法》，对开店所具备的条件、从业人员资格、培训及考试都有严格的规定，就连对美发机构从事洗头工作的小工也有相应的要求。

2. 统一管理

具有服务特色的美发行业只隶属于一个政府部门管理（卫生部门、劳动部门或商业部门），职能明确，价格体系透明公开。欧、美、日、韩等的美发行业的美发用品及价格相对透明公开，有专属的机构对美发用品的质量、用品的价格进行监管。美发行业的主要卖点立足于服务，相应的美发用品只是服务的附属。

3. 设备与造型用品

随着科学的进一步发展，许多高科技领域的技术和成果不断进入美发领域。美发设备与造型用品以及制作工艺更加科学，更加贴近人们的生活。

三、国际美发发展前景

1. 交流与传播

目前国际性的美发比赛大致有世界技能大赛（美发项目）、世界杯发型大赛（OMC技能大赛）、亚洲美发美容大赛等，各个国家和地区的美发师踊跃参加比赛，通过各种各样的赛事进行互访交流，加强了国际间、地区间的技术交流与合作，使美发行业得到更好的发展。

2. 工艺与技术

美发师们在发型点、线、面、形、轮廓的构成上，进行了不断的改革与创新，特别是在头发的颜色上进行了大胆的创新与尝试，造就了许多鲜艳夺目的发式造型。

3. 色彩变化

头发的样式以及整体造型已不是头发的所有组成部分，绚丽夺目的发型离不开头发的色彩变化，发色运用已成为一种主流，色彩的旋律更加能冲击人们的视觉。在人们平时的生活当中，爱美的人通过焗色、漂染、挑染等方法，将头发的造型与头发的色彩变化向深度和广度发展。

4. 修剪创新

头发的造型离不开修剪创新，德国的修剪法与英国的沙宣修剪法已普遍被人们接受，标志着美发修剪进入了以几何学、物理学、艺术学为依据的科学发展阶段。

思考题

1. 美发在我国的发展分哪几个阶段？
2. 战国时期出现了哪种专门工具用于保持头发清洁？
3. 简述 20 世纪 80 年代我国美发行业的变化与发展。
4. 简述改革开放 40 多年来我国美发行业的工艺与技术变化。
5. 简述国际美发发展前景。

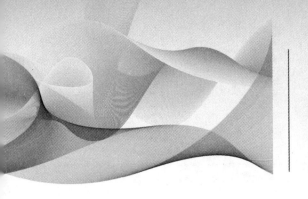

职业模块 ③
美发服务管理知识

培训项目 1

美发服务接待

培训重点

熟悉美发服务程序。

熟悉服务接待要点。

一、美发服务程序

美发服务程序是指从顾客进入美发店，由工作人员或美发师按先后顺序为顾客提供美发项目服务，直至送顾客离店的过程。

1. 迎客

顾客出现在美发店门前时，由礼仪接待人员主动上前问候，询问顾客的需求，并简单且直接地介绍服务项目、经营特色，根据顾客需求按照程序安排项目的服务人员。如果需要顾客等候，必须说明等候的原因和大致的时间。要帮助顾客存放好衣物，提醒顾客保管好贵重物品，并引领顾客到等候区就座，呈上茶水、书报等。无专职礼仪接待人员的美发店，应由空闲的工作人员或就近的美发师主动招呼顾客，并给予妥善安排。对于有提前预约的顾客，应根据约定的项目提供服务。

2. 美发操作

在为顾客提供美发项目服务前，美发师要先与顾客进行交流与沟通，征求顾客的意见，了解顾客对美发项目的需求。在与顾客沟通时，美发师要观察顾客的外貌特征、生理特征，在充分了解顾客的发式、生理特征、梳理习惯后确定项目，以顾客的需求为标准，结合美发技术操作特性制订发型设计方案，在双方对设计方案都认可的情况下按美发项目服务流程进行操作。

3. 送客

美发项目操作完毕，获得顾客认可后，美发师引领顾客（或由礼仪接待人员帮助）取回存放的随身物品并填好项目服务确认单后，引导顾客到收银台结账，并主动与顾客道别，目送顾客离店，再回到自己的工作区域整理操作工具并做好清洁和消毒工作。

二、美发服务接待要点

1. 微笑

服务行业的特点就是微笑，而且要自然地微笑。微笑是服务行业生命的一种呈现，也是工作成功的开始与象征。迎接顾客时的一声轻轻问候、一个真诚微笑，都会让顾客感受到一种亲切感。微笑时说和没有表情时说"欢迎光临！""感谢您的惠顾！"，给别人的感受或所达到的效果是完全不一样的，千万不要让冰冷的肢体语言遮住了微笑。

2. 态度积极

优质的服务必须是主动、积极、充满正能量的。在为顾客提供美发服务时，要树立"顾客永远是对的"理念，不管是不是顾客的错，都应该及时解决，而不要采取强词夺理、回避、推脱之类的方法去解决，要以积极主动的态度与顾客进行有效沟通。对顾客的不满要以积极态度去面对，尽量让顾客觉得他的不满是受重视的，让顾客感受到尊重与重视，积极疏导顾客的不愉快，敢于面对，敢于承担，尽快处理顾客的反馈意见。

3. 礼貌待客

顾客是美发行业的生命之源，礼貌待客是美发行业的生存之道，要让顾客觉得自己是被尊重的。一句"欢迎光临，请多多关照！"或者"感谢您的光临，请问还有什么需要帮忙的吗？"配合微笑和合适的肢体语言会让顾客有一种亲切感，也能建立与顾客之间的相互信任，减少顾客的不接受与抵触心理。有些顾客只是随便或试探性地到美发店里看看，美发师也要微笑真诚地道一声"欢迎您光临本店！""感谢您光临本店！"，让顾客感觉心里暖暖的，或许他就是店里的下一位新顾客。

4. 坚守诚信

俗话说："先做人，再做事！"这句简单而又朴实的话很值得深思。美发店的主要目标是给社会群体提供优质的美发服务，面对的服务对象是人，人与人之间必须讲诚信，不能弄虚作假。美发师要用一颗诚挚的心像对待朋友或亲人一样对待顾客，使顾客满意地、放心地来美发店享受美发服务。

5. 凡事留有余地

在为顾客提供美发服务和交流的过程中，说话要留有余地，少用或不用"肯定可以的""保证你满意""绝对不会有问题的"等表述，应该用"我会尽力的""我会很努力的""我争取做到最好"等一些留有余地的话，这样可以避免许多不该发生的事情。

6. 处处为顾客着想，用诚心打动顾客

美发师的语言表述方法很重要，所表述的言语要让顾客觉得是为顾客着想的。美发师要处处站在顾客的立场，想顾客所想。美发师要用自己的真诚去感化顾客，用自己的真心去引导顾客，顾客满意了，自己才觉得满意。

7. 多虚心请教，多听顾客声音

当顾客上门的时候，美发师并不能马上判断出顾客的来意与需求，因此需要仔细对顾客定位，了解顾客属于哪一类消费者，如学生、白领等，尽量了解顾客的需求与期待，努力做到只介绍对的、不介绍贵的给顾客，做到以客为尊，满足顾客需求。

8. 要有足够的耐心与热情

美发师常常会遇到一些喜欢"打破砂锅问到底"的顾客。此时，美发师需要耐心热情地解答，表述中多用一些能增强顾客信任感的话语，不能表现出不耐烦，就算顾客不消费也要说声"欢迎下次光临"。如果美发师有足够的信心、耐心与热情，表述的言语和方式恰到好处，尽管这次不成，但下次有可能顾客还会再来。有的顾客喜欢砍价，可以理解。在彼此能够接受的范围内可以适当地让一点，如果确实不行应该婉转地回绝，如说："真的很抱歉，没能让您满意，请留下您的联系方式，下次有优惠活动我会及时通知您。"千万不可以说"我们这种上档次的门店，从来不还价""要还价就到那些低档次的地方去"等伤害顾客自尊心的话语，这样会把顾客拒之于千里之外。

培训项目 ② 美发岗位职责

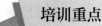

培训重点

熟悉美发岗位要求。

熟悉美发岗位设置。

一、美发岗位要求

美发店各岗位人员均应在营业开始之前（或营业结束之后）做好各自区域的卫生工作，做好经营前的准备，整理好个人仪表（有统一着装要求的应换好工作服），以良好的精神面貌和积极的心态迎接顾客。美发店应按对外公布的营业时间准时开始营业。美发师在正常工作时间不得擅离岗位。营业结束前，美发师不应拒绝任何顾客的服务要求，应坚守自己的岗位，直到服务好最后一位顾客。

二、美发岗位设置

美发岗位职责是指从事美发相关工作的每一个岗位所应承担的工作内容及相关职责。美发店的岗位较多，工作人员应各司其职，各负其责，相互配合，做好职责内的服务工作。

1. 服务接待

（1）迎宾。专职迎宾员应在营业开始前做好接待顾客的全部准备工作，搞好工作区域卫生，将用具和设备摆放整齐，以良好的心态、规范的站姿在美发店门口微笑、主动地迎接每一位顾客，使用规范的欢迎语和肢体语言引导顾客前往前台接待处。

（2）前台接待。在营业开始前，前台接待员要做好前台接待处的准备工作、工作区域的卫生，并整理好所用物品。前台接待员要用标准的语言接听电话，详细登记顾客预约，解答顾客所提出的问题。前台接待员要以良好的心态和文明的语言主动向顾客介绍店内情况，询问顾客需求，并为顾客呈送茶水、时尚杂志等，协助顾客存放好所带物品，提醒顾客妥善保存好自己的贵重物品。

2. 洗护助理和烫染助理

具有一定规模的美发店都有专职洗护助理，他们在美发师的指导下，根据服务项目为顾客提供美发洗护服务。烫染助理负责按照美发师的指令和美发项目内容进行烫染操作。

（1）在操作过程中，根据气候、环境等因素，调节好洗发时的水温并及时听取顾客对水温冷热、按摩力度大小等的反馈，以使顾客感到舒适和满意。

（2）相关服务完毕后，带领顾客到美发椅上就座，由美发师继续为顾客进行美发服务。

（3）美发操作时，按美发师要求在一旁辅助，如传递美发操作工具、用品等，以方便美发师操作。

3. 美发师

美发师负责为顾客提供美发项目服务的操作。

（1）根据前台接待员的安排或排班顺序，依照顾客进门的先后顺序或预约时间为顾客进行美发项目服务。

（2）用文明的口头语言和肢体语言请顾客入座，了解顾客对美发项目服务的需求，提出合理化的建议和设计方案，顾客认可以后做好操作前的准备工作。

（3）按照顾客需求和制订好的设计方案，美发师动手进行美发操作。

（4）如果有需要助理完成的项目，要向助理说明操作顺序及要求，认真观察其工作情况，检查其工作质量，确保达到设计方案的要求。

（5）文明地推荐其他服务项目，根据顾客本人意愿安排好顾客所需的服务。

（6）服务全部结束后，填好服务账单并请顾客确认，双方都觉得无误后，引导顾客到收银台结账，待结账完毕后，送顾客离店。

4. 美发经理

美发经理负责指挥调度营业场所的日常事务，并处理突发事件。

（1）工作前检查各岗位的准备工作，包括环境卫生、工具设备、员工仪表等。

（2）在日常运营中，合理调配和安排各岗位人员的工作，提高工作效率。

（3）认真检查、监督各项规章制度的落实，合理处理违章违纪等行为。

（4）认真做好当日营业报表（要求字迹清楚）。

（5）下班前将营业款上交财务部，收银台所留现金不得超过限额。

（6）妥善处理突发事件和顾客的特殊要求。

（7）文明合理地处理投诉。

5. 美发技术总监

美发技术总监负责日常运营中的专业技术保障。

（1）检查各岗位的用品、工具的准备情况。

（2）认真观察各岗位的操作规范性、合理性。

（3）合理调配和安排各岗位人员，提高服务质量和工作效率。

（4）对美发新手（学徒）和技术水平较低的人员进行技术指导与培训。

培训项目 **3**

服务规范要求及规章制度

培训重点

熟悉服务规范要求。

了解美发企业各项规定。

了解美发企业卫生制度。

熟悉美发企业技术管理制度。

一、服务规范要求

1. 迎接顾客

迎接顾客时应与顾客保持适当距离，自然地站立在顾客前方一侧，微笑地目视着顾客。使用文明敬语时，吐字要清楚，发音要轻缓。正与顾客沟通时又要与新来的顾客打招呼，应先向正在进行沟通服务的顾客道一声"对不起"，否则是不礼貌的。

2. 请入坐手势

肢体语言在沟通中也很重要，如请顾客入座时应用手势引导，准确的手势、自然大方的动作会给顾客留下美好的印象。对行动不便者或老年人应给予协助。

3. 与顾客沟通

在提供美发项目服务操作前，应先与顾客进行沟通，达成共识。如果沟通不充分，操作时容易产生误解。在操作服务过程中，还要注意观察顾客的反应。顾客的表情或动作会反映其需求。

4. 礼貌用语

操作中需要顾客给予配合时，一定要使用"对不起""请您""谢谢"等礼貌用语。操作时一定要严格按照等级标准、操作规程进行。操作时动作要轻柔、稳定、准确。

5. 文明服务

操作时一般不应该中断服务，如果遇到特殊情况或接听特殊电话时，应向服务中的顾客说明情况，向顾客致歉，得到顾客同意方可中断。中断的时间一定要控制好，如果时间过长，可让别人代为操作。操作中要认真发挥自己的技术特长，聚精会神，不与顾客谈论与服务内容无关的话题，更不能在操作时抽烟，要保持口腔无异味，营造良好的服务环境。

6. 补救措施

在提供美发服务过程中，一定要注意安全操作，但有时会有突发性或难以预料的事故发生，因故耽搁服务（包括无法履约）的应向顾客致歉，向顾客解释清楚，取得顾客的谅解，并且要积极采取补救措施。

7. 交流范围

从顾客进入美发店的那一刻起，就离不开与顾客的交流与沟通，在与顾客进行交流时，尽量不要涉及与美发服务无关的内容，以免产生不必要的麻烦。

8. 冲突处理

美发师与顾客对美的追求有时是不相同的，有时会有顾客对服务表示不满，甚至发生冲突。面对冲突时，应向顾客表示歉意，并立即向相关人员反映情况，及时进行处理，不得与顾客争吵或私下处理。其他工作人员不应围观或介入，以免将事态扩大。

9. 文明结账

服务结束后，让顾客了解消费的明细，结账时应请顾客确认服务项目和金额。结账完毕，双手将账单、余款递到顾客手中并致谢、道别。

10. 收费标准

在醒目的位置展示本店服务价格，对于初次来美发店的顾客，一定要认真仔细地介绍服务项目和收费标准，使其清楚服务项目的价格，避免结账时发生误解。

二、美发企业各项规定

企业规章制度的实施可以体现美发企业与美发店诚信服务的理念。企业与员工之间、员工与团队之间对企业规章制度的认识，直接影响企业的发展。

1. 考勤规定

根据目前美发企业的工作性质，大致的工作制有：一班制、二班制。以下以二班制为例进行介绍。

（1）文明考勤。全体早班员工于营业前 30 min 打卡或微信报到，并在营业前 15 min 做好工作现场、个人服装仪容等准备工作。全体中班员工于上班前 30 min 打卡或微信报到，并在上班前 15 min 整理好工作现场及个人服装仪容。

（2）迟到考勤。未打卡者或未微信报到者以迟到论处。

（3）请假制度。上班时间如因突发事件无法准时打卡或微信报到，需提供有关证明，并在规定时间内报备（打卡前 30 min），否则以迟到论处。

2. 会议规定

美发店的员工要积极参加相关会议，不得迟到。会议时间不宜过长，讲话要简明扼要，明确重点和要求，任务布置到位，对有争议的问题可进行会上讨论或会后讨论。对员工的意见要进行归纳分析，并拿出合理的方案解决问题。

（1）早会。每天必须于营业前 15 min 召开早会，使当班的员工明确当天要完成的任务与目标。

（2）周会。每周举行一次周会，对本周工作进行回顾、总结，取长补短，共同进步。

（3）月会。每月定期召开一次月会，以总结本月的运营状况及工作状况，评价员工完成任务的情况，制定下个月的奋斗目标。

3. 用餐规定

（1）工作餐。在上班时间内的员工可以享用公司的工作餐。

（2）用餐时间。用餐时间在与工作不冲突原则下自行选择。

（3）指定用餐。在指定时间、指定区域文明用餐，用餐时间约 25 min。

（4）用餐后收拾餐具。用餐完毕后，进行垃圾分类并收拾整理干净餐具，将餐具放到指定的地方。

三、卫生制度

1. 助理晚班卫生

对所有操作后的器具进行清洁，将所有美发用品展示柜、冲水床、美发椅、工具推车、美发镜台及物品清理整齐，将楼梯、地板、镜子擦干净，将书籍、刊物按编号归位摆放。

2. 前台卫生

每天营业结束后，做好前台的卫生工作，整理好前台的所有物品和票据。

3. 美发师卫生

每日营业后，做好工作区域的卫生，整理好工具和用品，将操作工具放置于消毒箱内进行消毒。

4. 清洁工卫生

在营业时间内，厕所每小时打扫一次，保持厕所内各区域干净、干燥、通风、无异味，并做好卫生纸的检查与添加，以及垃圾箱清洁和垃圾分类工作。

5. 美发用品管理员卫生

保持仓库内清洁、卫生、通风，物品归类并摆放整齐，及时处置空包装盒，检查美发用品的生产日期，销毁过期美发用品。

6. 大扫除

全体员工每周进行一次大扫除，范围包括店内外玻璃、墙体及平时不易清洁到的地方，特别是楼梯下和其他一些死角。美发经理必须检查员工的打扫效果，确保符合预定的标准。

7. 毛巾清洁

应由专人负责毛巾的清洗和消毒工作，也可送专业清洗店清洗。

8. 空气清新

保持美发店内空气清新。如果营业现场出现异味或空气不够清新，应当喷洒空气清新剂，并打开通风扇疏通空气。

四、技术管理制度

1. 服务记录制度

服务记录制度是指美发服务过程中对业务操作的过程记录，它能协助美发人员积累经验，检查工作效果，避免产生差错。具体的做法与要求是：由专职服务人员在工作日志上记录每天上班时间内的顾客及其所接受服务项目的名称，登记服务时间、顾客的个人相关信息，以及所使用的用品名称、数量及美发效果。

美发店技术总监根据工作日志记录的内容，对每天的工作进行综合性质量分析，从中发现存在的质量和技术问题等，采取相应措施，以改进和提高服务质量。

2. 跟踪调查制度

美发店建立跟踪调查制度是促进服务质量提高的重要手段之一。

服务质量跟踪调查表的内容要符合企业的经营模式，并注意保护顾客的个人隐私。

服务质量跟踪调查表的制定要体现在技术方面，表格设计要有针对性，简单明了地直入主题，最好设计成是非题或选择题。

对收集反馈的意见要进行逐一分析，找出存在的问题，积极采取措施，妥善回复与处理。要和员工进行有效的沟通并使其得到改进，提高顾客的回头率和服务质量。

3. 加强技术和语言训练

美发师以美发技能服务于顾客，技术的高低与好坏将直接影响美发店服务项目的开发，因此要不断训练和提高美发师的技能水平。在提供美发服务时，语言的表述也很重要。技术和语言的训练能保障运营中的服务质量。

美发经理在合理安排人员的基础上，要组织技术总监和培训老师每天按服务项目进行分类辅导培训，要组织美发师经常参加一些国内外的技术交流，以及参加技术知识讲座、技能培训，观摩国内外各种大赛。

总之，服务质量和技能水平的不断提高，既取决于全体员工的整体素质，又依赖于完善的管理制度。严格执行管理制度是提高服务质量和技能水平的必要条件。员工的技能水平、语言、态度以及整体素质是检验服务质量的标准。

培训项目 4

公共关系基础知识

培训重点

了解公共关系的概念。

了解美发企业公共关系的任务。

一、公共关系的概念

公共关系是指组织为改善与社会公众的关系，促进公众对组织的认识、理解及支持，达到树立良好组织形象、促进组织项目服务等目的的一系列公共活动。公共关系学是现代社会的产物，随着社会的不断开放，市场经济的不断繁荣，民主法治的不断完善，信息传播技术的不断发展，社会文明程度的不断提高，公共关系的社会作用也逐步增大，已经成为现代企业不可缺少的一种经营管理方法和手段。

二、美发企业公共关系的任务

公共关系以优化公共环境、树立组织形象为任务，运用各种传播、沟通手段去影响公众的观点、态度和行为，争取公共舆论的支持，为组织的生存和发展创造良好的社会环境。美发企业的公共关系与公众利益相一致。

美发行业的发展是随着我国改革开放、国民经济的不断提高、第三产业的不断繁荣而迅速发展起来的。美发企业建立良好的公共关系，有利于企业自身的生存与在市场经济的激烈竞争中得到发展。尽管美发企业经营都是以盈利为目的的，但作为社会的一个组织机构，它同时也承担着服务社会、美化人们的生活、提高人们的精神文明的责任，因此要树立美发企业良好的公众形象。

思考题

1. 服务接待程序有哪些?

2. 美发岗位要求有哪些?

3. 促进美发服务质量提高的手段是什么?

4. 美发企业的公众形象如何树立?

职业模块 ④
美发行业卫生知识

培训项目 1
美发环境卫生

培训重点

掌握美发场所室内环境卫生要求。

掌握美发场所室外环境卫生要求。

环境卫生要求随着人类社会生活而演变。美发店的工作人员和技术人员以美发技术服务于社会，因此美发环境卫生很重要，营造良好的美发环境，可以树立企业的良好形象，可以展示企业的文化底蕴和经营风格，可以直接体现企业的服务档次、业务水平。

一、美发场所室内环境卫生要求

1. 美发场所室内环境应保持优美、温馨、无噪声、清洁无污染。

2. 美发店设备安装与摆放应根据美发的操作流程布置，根据剪发吹风区、洗发冲水区、烫发染发区、焗油护理区的需要合理安排，减少顾客往返走动的频率，以免造成不必要的混乱。

3. 光污染会对人的视觉环境和身体健康产生不良影响，在设置美发环境用光时，应按国家规定的标准去设置照明设备、光线的明亮度等，避免光辐射、光反射、光污染对人体产生伤害。

4. 营业场所的地面应保持无杂物、垃圾、痰迹、烟头、纸屑、水迹、塑料袋等，要勤打扫并始终保持地面的清洁，对容易打滑的地方要摆放警示标志。

5. 美发店的墙面材料应防潮、防火，墙壁应光洁、不积灰尘，可根据经营特点与个性特征悬挂装饰画，起到画龙点睛的作用。营业场所的天花板应与营业厅的环境相协调，在色彩与花纹的选择上应简洁明了，避免压抑感。

6. 美发店的门帘、橱窗应醒目、美观、洁净，布置科学合理，能体现美发店的格调与经营特色。

7. 美容店的室内通风设备一定要到位，因为含有化学成分的染发剂、烫发剂、漂发剂、喷发胶具有刺激性气味，再加上众多人员的体味、呼吸等，在美发操作过程中也会产生气味而造成场所内空气污染。通风换气可以减少空气中污染物的含量，但净化空气仅靠自然通风往往达不到理想的效果，因此要安装声音较小的换气装置，使用时应考虑换气对室温的影响，控制好开启的时间，保持空气清新。

二、美发场所室外环境卫生要求

1. 招牌

招牌是美发场所的标志，对美发场所经营内容具有高度概括力。整洁、通俗易记、在艺术上具有强烈吸引力的招牌，对消费者的视觉刺激和心理影响是很重要的，因此招牌的清洁应放在首位。

2. 门面及橱窗

门面是指美发经营场所外的墙面、周围建筑装饰及相关的配套设施。门面必须每天清洁，特别是美发场所大门玻璃要明亮，有透明度。

橱窗不仅可以丰富消费者的联想，增强消费者的吸引力，还能形象概括地向消费者推荐和介绍相关服务项目和美发用品，引起顾客的消费欲望。橱窗的清洁卫生相当重要，陈列品不一定天天更换或每天设计摆放，但要经常进行清洁，保持橱窗内整齐、清洁。

培训项目 ② 美发工具和用品消毒

培训重点

了解美发消毒要求。

熟悉美发工具及棉织品消毒方法。

了解消毒液的存放要求。

一、美发消毒要求

对于美发工具和用品的消毒，企业应安排专人对专门场地、专业器具进行消毒，坚持做到"一客一换一消毒"。不同工具和用品的消毒应严格按照国务院颁布的《公共场所卫生管理条例》中的规定执行。

美发工具和用品必须保持清洁，每天擦拭不得少于两遍。美发工具、用品和仪器设备要有规律地摆放整齐，保证安全及方便取用。围布、毛巾等接触顾客皮肤的用品必须保持清洁，不能重复使用。洗头盆使用后要及时擦洗干净，不能有污垢残留在水池边，要保持洗头区域整洁卫生。

二、美发工具及棉织品消毒方法

1. 美发工具消毒

剃刀、剪刀等修剪工具清理干净后，用 75% 酒精擦拭或浸泡消毒（注意电推剪不能浸泡消毒）。各类梳子、刷子等工具可放入 3% 的来苏水中浸泡 15 min 消毒，这种方法简单易操作，对工具的腐蚀性比较小，消毒的效果也比较好，其缺点是来苏水略带异味，但在浸泡后用清水冲洗一下，晾干可除去异味。

美发工具也可选择紫外线消毒。紫外线消毒更方便。

2. 棉织品消毒

棉织品遵循"一客一换一消毒"原则。毛巾等棉织品采用煮沸消毒法、蒸汽消毒法或药物浸泡消毒法。煮沸消毒时，把毛巾洗净拧干，放入沸水中煮 15～20 min，温度应为 100 ℃以上，并经常翻动，使沸水能煮到所有表面。蒸汽消毒时，把毛巾洗净拧干，放入蒸箱内清毒 20～30 min。采用药物浸泡消毒法时，把使用过的毛巾清洗干净，放在 0.25%～0.5% 的洗消净溶液中浸泡 15 min，再用清水洗净并晾干。

三、消毒液的存放要求

消毒液应储存于阴凉、干燥处，容器上应有标签，以免与其他化学药品混淆，并且要注意消毒液的有效期限，必须做到专人负责保管，定期更换。

应该准备专用美发工具、毛巾和围布给有皮肤病、传染病的顾客使用，一定要与正常使用的工具、用品分开，避免细菌传播。

培训项目 ③

美发师个人卫生和形象

培训重点

了解美发师个人卫生相关知识。

了解美发师个人形象相关知识。

一、美发师个人卫生

美发师个人卫生和形象十分重要，尤其是个人的卫生状况。作为一名合格的美发师，在工作中要时刻注意保持自己头发干净、不凌乱。女美发师要带妆（淡妆）上岗，男美发师要避免邋遢。美发师指甲要修剪整齐，口中不能有异味。作为现代美发师，在工作时保持一贯的优良状态，干净利落的形象和具有个性的着装能体现美发师的个人修养和素质。

1. 手的卫生

人的双手在日常生活中与各种各样的东西接触，手上的微生物、细菌等会污染双手接触的东西。美发师要养成良好的卫生习惯，经常洗手，保持双手的清洁卫生，还要经常剪指甲，防止微生物、细菌的滋生。

2. 皮肤的卫生

美发师要尽可能保持衣服和被褥干净整洁，减少皮肤感染的机会，减少寄生虫的滋生机会。美发师要经常洗澡、换衣服，除去皮肤上的汗垢、尘污、皮屑等不洁之物，保持皮肤的清洁卫生。

3. 口腔及五官的卫生

美发师要保持牙齿干净。口腔是消化道的入口，与呼吸道紧密相连，口腔的清洁卫生很重要。美发师要坚持每天刷牙漱口，养成良好的卫生习惯。眼、耳、鼻是人的重要器官，也是人体接触外部的通道，必须注意清洁卫生，纠正不良习惯，预防感染。

二、个人形象

1. 仪表

仪表是指个人的容貌、服饰、发型、发饰、举止和姿态。美发师的仪表要求是在工作时间穿整洁美观的统一服装，佩戴统一的工号牌，发型整洁大方，保持脸部干净，女性要持淡妆上岗等。

2. 仪容

仪容是指个人的容颜或外表形象，包括先天性的自然美和修饰后的容貌。美发师的仪容要令人赏心悦目，在岗时必须精神饱满、表情自然、面带微笑、举止大方。美发师的仪容要给顾客留下美好的印象，还必须要有个人素质修养的外在表现，增强顾客的信任感，充分体现美发店的管理水平。

3. 仪态

仪态也叫仪姿、姿态，是指人体在交际活动中所表现出来的各种姿态和风度，包括举止动作、神态表情和相对静止的体态。仪态能表现个人涵养。优美的仪态会给人带来美的感受。美发师的仪态是指在美发服务工作中的举止。美发师的仪态将直接影响美发店的工作效率。

（1）站姿。男性：以跨立姿势站立，挺胸收腹，双眼平视，嘴微闭，颈部伸直，微收下颌，两腿挺直，双脚自然分开与肩同宽，两臂自然下垂，双肩稍向后并放松，双手不叉腰、不插袋、不抱胸，用正确的站立姿态展现自己的精神状态和文化修养。女性：挺胸收腹、目光平视、双腿自然并拢，双脚呈 V 字形或丁字形，双臂自然下垂，站立时身体重心应该在两足弓前端的位置。

（2）坐姿。男性：上体保持站立时的姿态，双膝靠拢，两腿不分开或稍分开，两脚前后略分开或略向前伸出，也可以两腿上下交叉。女性：双膝尽量靠拢，两腿上下交叠而坐时悬空的脚尖应向下。

（3）走姿。走路时身体挺直，保持站立时的姿态，不向左右摆动、摇头晃肩或斜颈、斜肩。双臂前后自然摆动，幅度不可太大。美发师工作时的步伐要轻、稳、灵活。

总而言之，美发师的站姿、坐姿、走姿等，应能充分体现"站如松、坐如钟、走如风"的中国传统礼仪要求。

思考题

1. 美发场所室内环境卫生要求包括哪些内容?

2. 美发场所室外环境卫生要求是什么?

3. 美发工具消毒采用哪些方法?

4. 美发场所消毒液的存放要求是什么?

5. 美发师的个人卫生要求包括哪些?

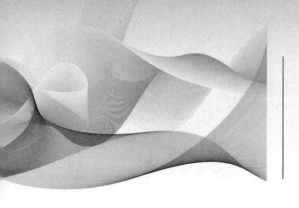

职业模块 ❺
人体生理基础知识

培训项目 1

头部骨骼基本常识

培训重点

了解脑颅骨骼相关知识。
了解面颅骨骼相关知识。

头部骨骼称为颅骨，主要分为脑颅及面颅两个部分。脑颅是指后上部的颅骨，又称颅盖部。面颅是指前下部的颅骨，形成面部轮廓，是眼眶、鼻腔、口腔的骨性支架。颅骨如图 5-1 所示。

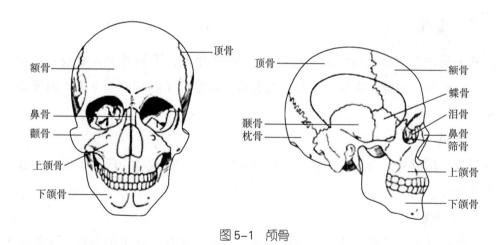

图 5-1 颅骨

一、脑颅

由额骨、蝶骨、枕骨、筛骨及对称的顶骨、颞骨各 2 块围成容纳脑组织的脑颅，对位于腔中的脑组织起保护作用。整个脑颅由 8 块骨骼构成。

1. 额骨

额骨又称前头骨，是前凸后凹的瓢形扁骨，位于头顶的前部，此骨在婴儿时中分为两块，后逐渐连成一块，构成额头部分。

2. 蝶骨

蝶骨大部分横装在颅底中部，枕骨的前方，因形似蝴蝶而得名，该骨分为蝶骨体、大翼、小翼及翼突，镶嵌于颅底诸骨之间。

3. 枕骨

枕骨又称后头骨，位于颅骨的后下方，呈勺状，构成颅底。

4. 筛骨

筛骨由形状复杂的薄片组成，位于颅底蝶骨的前方，额骨的前下方，隐嵌在鼻腔里面，夹在两眼眶之间，构成鼻腔壁的上部。

5. 顶骨

顶骨又称颅顶骨，是上凸下凹的瓢形扁骨，位于额骨与枕骨之间，形成头的两侧及顶部，左右一对，中间相接。

6. 颞骨

颞骨又称颞颥骨，成对位于蝶骨、顶骨、枕骨之间，构成颅底和颅腔的侧壁，骨内有听觉器官及味觉器官。颞骨分为鳞部、乳突部、岩部、鼓部。

二、面颅

整个面颅共有15块骨骼，分别是各1块的犁骨、下颌骨、舌骨及各2块的上颌骨、鼻骨、泪骨、颧骨、下鼻甲及腭骨。面颅位于脑颅的前下方，形成面部轮廓。

1. 犁骨

犁骨又称锄骨，为薄片小骨，位于两鼻腔之间，构成鼻中隔骨下部、后部的扁平薄骨板。

2. 下颌骨

下颌骨近似马蹄形，位于上颌骨的下方，它是面颅中最大的骨块，下颌关节能做开口、闭口、前后进退、左右移动等动作。

3. 舌骨

舌骨位于口腔内、颈前方，下颌骨和甲状软骨之间，通过韧带和颞骨茎突相连，是颅骨中唯一的游离骨块。

4. 上颌骨

上颌骨左右各 1 块位于面部的中间，分为上颌体、额突、颧突、腭突、牙槽突（俗称上牙床），构成了口腔上壁、眶下壁、鼻腔外侧壁。

5. 鼻骨

鼻骨左右成对，位于眉间以下左右上颌骨和额突之间，构成鼻梁，与下鼻软骨构成整个鼻部。

6. 泪骨

泪骨是生长在眼眶内的成对小骨，位于上颌骨额突和筛骨之间。泪骨是两个小而薄脆的骨片，是眼泪从眼眶流入鼻腔的通道。

7. 颧骨

颧骨成对位于额骨与上颌骨之间，在眼眶的外下方，与颞骨、颧突连接而成颧弓。颧骨的高低阔狭，对人的面容有一定的影响。

8. 下鼻甲

下鼻甲成对附于上颌体的鼻腔内，是一对卷曲的薄骨片。

9. 腭骨

腭骨又称口盖骨，成对横嵌在上颌骨的后方，腭突与蝶骨翼突之间，构成口腔内壁。

培训项目 **2**

人体皮肤基本常识

培训重点

了解皮肤的结构。

了解表皮、真皮、皮下组织及皮肤附属器。

了解皮肤的功能。

人体皮肤覆盖在全身表面，为人体的最大器官，皮肤使体内各种组织和器官免受物理性、机械性、化学性和病原微生物性的侵袭。皮肤能保持人体内环境的稳定，同时也参与人体的代谢过程。成人皮肤总面积为 1.5 ~ 2 m²，总重量占体重的 5% ~ 15%，厚度为 0.5 ~ 4 mm。部位、性别、年龄不同，皮肤的厚度也各有差异。人体皮肤最厚处在手掌、足底、背部、颈部，最薄处是眼睑。女性的皮肤要比男性、儿童、老人薄一些，主要表现为柔软、红润、有光泽。青年人的皮肤较为细腻、嫩滑，富有弹性，显得健壮。皮肤有几种颜色（白色、黄色、红色、棕色、黑色等），主要因种族、年龄及部位不同而异。

皮肤表面有很多纤维，形成纵横交错的皮纹。皮纹明显处是手掌、手指、脚掌、脚趾、四肢关节、面部，尤其是手指末端指腹（也称为指肚）上的皮纹整齐而规则，称为指纹。人的指纹各不相同，而且终身不变。

一、皮肤的结构

皮肤是人体重要的感觉器官，最为敏感的是手指、掌面的皮肤。皮肤受外界环境中的各种刺激后，通过感觉神经传至神经中枢，经大脑皮质的分析等综合作用后，会产生冷、热、痛等感觉。皮肤的结构排列如图 5-2 所示，皮肤结构解剖图如图 5-3 所示。

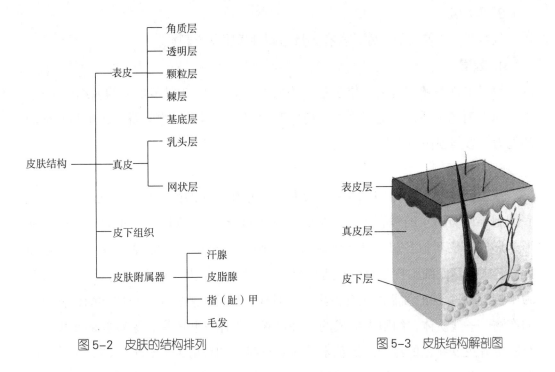

图 5-2 皮肤的结构排列   图 5-3 皮肤结构解剖图

二、表皮

表皮是皮肤最外面的一层，由角化的扁平上皮构成。人体各部位的表皮厚薄不等，厚度在 0.07 ~ 0.12 mm，手掌和足底的表皮最厚。根据细胞的不同发展阶段和形态特点，表皮由外向内可分为 5 层，分别为角质层、透明层、颗粒层、棘层和基底层。

1. 角质层

角质层由几层至几十层扁平无核的角质细胞组成。细胞互相交错重叠，呈平板状，形成一层完整的半透明膜，含有角蛋白。角质层能抵抗摩擦，防止体液外渗和化学物质内侵，有防止细菌感染和抗腐蚀的作用。角蛋白吸水力较强，角质层一般含水量不低于 10%，可以维持皮肤的柔润。如果角质层含水量低于 10% 则皮肤干燥，出现鳞屑或皲裂。由于部位不同，角质层厚度差异较大，如眼睑、包皮、额部、腹部、肘窝等部位较薄，掌、跖部位最厚。

2. 透明层

透明层位于颗粒层的上方，由 2 ~ 3 层扁平透明细胞组成，含有角母蛋白，能防止水分、电解质和化学物质的透过，故又称屏障带。透明层于掌、跖部位最明显。

3. 颗粒层

颗粒层位于棘层的上方，含有大量嗜碱性透明角质颗粒。

4. 棘层

棘层也称为棘细胞层，位于基底层的上方，由 4~8 层多角形的棘细胞组成，由下向上渐趋扁平，细胞间主要靠桥粒互相连接，形成细胞间桥。棘细胞有分裂的能力，参与创伤的愈合。

5. 基底层

基底层是表皮的最深层，由 1~2 层排列成栅栏状的圆柱形基底细胞组成。基底细胞不断分裂（经常有 3%~5% 的细胞进行分裂），逐渐向上推移、角化、变形，形成表皮其他各层。基底细胞分裂至脱落的时间称为更替时间，一般为 28天。其中，基底细胞自分裂至到达颗粒层最上层为 14 天，形成角质层到最后脱落为 14 天。基底层的细胞质中含有黑色素颗粒，黑色素颗粒是人体内溶酶体分解后的产物——残质体在细胞中形成的一种色素。人体皮肤内黑色素颗粒的多少、大小决定着皮肤颜色的深浅。黑色素颗粒具有吸收和散射紫外线的功能，可使皮肤深层组织免受紫外线的辐射。当黑色素细胞被破坏或其功能异常时，皮肤就会出现白癜风。若黑色素细胞受到刺激，功能亢进，则会出现黄褐斑等。基底细胞间夹杂一种来源于神经嵴的黑色素细胞，占整个基底细胞的 4%~10%，是决定皮肤颜色深浅的重要因素之一。外界紫外线照射越强，黑色素细胞分泌的黑色素颗粒就越多。夏季，日光照射时间长，皮肤中黑色素细胞分泌的黑色素颗粒就多，皮肤的颜色就会变得深。冬季，日光照射时间短，皮肤中的黑色素细胞分泌的黑色素颗粒少，皮肤就会显得白。从护肤的角度来讲，表皮并不是最外面的皮肤成分，外面还有一种起保护作用的皮脂膜。

三、真皮

真皮位于表皮下面，由紧密的结缔组织构成，比表皮厚 10 倍左右。真皮分为上下两层，上层为乳头层，下层为网状层。

真皮与表皮相接处伸出许多突出的乳头叫真皮乳头，构成乳头层。乳头层内有许多小血管、淋巴管及神经末梢。乳头层主要由胶原纤维构成，约占 95%。胶原纤维韧性大，伸缩性强，使皮肤有一定的伸展性。

乳头层的深处叫网状层，盘绕在胶原纤维下及皮肤附属器周围。它有分泌汗液、调节体温和水分、排泄废物、分泌皮脂等作用。真皮乳头层下方有许多弹力纤维组成的网状层，与皮肤的弹性有关。如果真皮中弹力纤维组织减少，皮肤的弹性、韧性就会下降，皮肤就会萎缩、变薄，容易产生皱纹。由于真皮中分布有血管、神经末梢，碰破了就会出血。

四、皮下组织

皮下组织位于真皮的下面，由疏松的结缔组织和脂肪组织构成，能经受一定的摩擦和挤压，有保护内部组织的作用。真皮向皮下组织伸出许多大小不等的胶质纤维，使皮肤与皮下组织牢固地结合起来。皮下组织内有皮下血管、神经主干、神经末梢、毛束及皮脂腺。脂肪的多少决定皮肤的厚薄，因此皮下组织受人们年龄、营养状况、内分泌等影响。皮下组织也是热的绝缘体及储藏热能的仓库，可保温、防寒并缓解外来的冲击。适度的皮下脂肪可使人显得丰满，皮肤细腻、柔嫩、红润、光泽、富有弹性。

五、皮肤附属器

1. 汗腺

汗腺位于真皮和皮下组织内，直接开口于表皮。汗腺遍布全身，手掌心、腋窝、足底最多。汗腺除了可以散热和调节体温外，还有排泄废物的作用。汗液中含有较多的氯化钠，人体大量出汗后，应及时补充适量盐分。汗腺分为小汗腺和大汗腺两种。

（1）小汗腺即一般所说的汗腺，除唇部、龟头、包皮内面和阴蒂外，分布于全身，而且以掌、跖、腋窝、腹股沟等处较多。小汗腺可以分泌汗液，调节体温。

（2）大汗腺主要位于腋窝、乳晕、脐窝、肛周、外生殖器等部位。大汗腺青春期后分泌旺盛，其分泌物经细菌分解后产生特殊臭味，是臭汗症的原因之一。

2. 皮脂腺

皮脂腺位于真皮内，靠近毛囊。人体表面除手掌及足掌外，其余各处的皮肤均有皮脂腺。皮脂腺的腺体为囊泡状，位于真皮和毛囊连接处，其导管开口于毛囊。皮脂腺可以分泌皮脂，润滑皮肤和毛发，防止皮肤干燥，还有杀菌的功能，青春期以后分泌旺盛。头部长期皮脂分泌过多，会形成脂溢性脱发；反之，皮脂分泌过少，会引起头发干枯、易折、失去光泽。皮脂腺的导管被堵塞，会引起疖肿；毛囊和皮脂腺等化脓，造成皮脂滞留会形成皮脂腺囊肿，即粉瘤；毛囊和皮脂腺受细菌感染而引起急性炎症，称为疖。它们的产生都会影响皮肤的美观。

3. 指（趾）甲

指（趾）甲属于结缔组织，位于手指和足趾末端，是表皮角质层增厚而形成的半透明板状结构，露在外面部分称为甲体，甲体的深层称为甲床，藏在皮肤深层的部分称为甲根。甲根的深部为甲母质，它是指甲的生长点，千万小心不可破坏甲母质。指（趾）甲的主要成分是角蛋白，主要功能是保护指（趾），还可协助完成各种较精细的动作。指（趾）甲的颜色、形态及表面光洁度与人的身体健康状况、生活环境有关，一般健康人的指（趾）甲光洁，白里透红。

4. 毛发

毛发是皮肤的一种衍生结构。毛发知识对于美发师来说比较重要，后续将展开具体介绍。

六、皮肤的功能

1. 保护

皮肤覆盖全身体表。皮肤表皮各层坚韧而紧密相连，构成保护屏障的基础。表皮的角质层细胞膜增厚，富有弹性，既能防止体内水分及其他物质的流失，又能抵御外界的各种侵袭，阻止有害物的入侵。表皮能抗酸、抗碱、抗摩擦，并能阻挡病原体的入侵。皮肤是人体的第一道防线，对机械性刺激及化学物质具有防护能力。皮肤经常摩擦的部位会增生肥厚，出现老茧，这是皮肤角质层的保护作用。皮肤的黑色素能防止紫外线对身体的刺激和损伤。

皮肤表面有一层汗和皮脂形成的酸性薄膜，使皮肤表面常显弱酸性，对皮肤起到净化作用，防止化学物质侵蚀和细菌感染。皮肤只有在正常的 pH 值（酸碱度）范围内，也就是处于弱酸性时，才能处于吸收营养的最佳状态。

皮肤的 pH 值：正常皮肤表面 pH 值为 5.0 ~ 7.0，最低可到 4.0，最高可到 9.6，平均约为 5.8。

2. 调节体温

人体正常体温为 37 ℃左右。不管气候变化、环境温度变化等，人体始终保持着 37 ℃左右的体温。皮肤对人体体温起调节作用。体温调节有两种方法：一是通过蒸发汗液调节体温，即皮肤表面的汗液蒸发，从而降低体温；二是通过血管调节体温，即当体温上升时毛细血管中的血液流量增大，皮肤血管扩张，汗液分泌增多，促进热量散发来降低体温。

3．感觉

皮肤内有感觉神经末梢。神经末梢接受外界刺激，并通过神经纤维的传导和大脑皮层的分析，产生冷、热、痛、痒等感觉，还具有干湿、软硬、平滑、粗糙等复合感觉。人体皮肤各个部位的感觉敏感度有很大差别，有强有弱，如指端、嘴唇、乳头、腋下等处感觉就特别灵敏。

4．表情

皮肤是人体表面的器官，它受外界和人体内部的影响，血管扩张和收缩使肌肉的运动方式变化。表情肌的活动反映了人们喜、怒、哀、乐的表情，反映人的精神面貌。

5．病理

敏感性皮肤较薄，容易生斑疹、毛细管上浮等，对温度变化、气候变化、花粉、化妆品、海鲜食物、酒精等敏感。

6．吸收

皮肤储存的大量水分、脂肪、蛋白质、糖、维生素等通过角质细胞经表皮到达真皮。脂溶性物质、激素类物质易被皮肤吸收。

培训项目 3

毛发生理知识

培训重点

了解毛发的结构。

了解头发的生长周期。

了解头皮屑、干枯、分叉、脱发、斑秃、早白等头发的异常现象。

一、毛发的结构

毛发是从皮肤上生长出来的纤维组织，由细胞再生形成的蛋白质硬化堆积排列而成。人体表面除手掌、足底及嘴唇处外，其余部位都被毛发覆盖。人体的毛发可分为软毛和硬毛两种，分别生长在人体的不同部位，发挥各自的作用。

软毛俗称汗毛，是指面部、颈部、躯干、四肢等部位的毛发。软毛颜色较淡、细软、短小，生长长度有限。

硬毛是指头发、眉毛、睫毛、胡须、腋毛等。硬毛颜色较浓、较粗硬，并有长短之别，其中头发最粗最长。

皮肤和毛发的构造解剖图如图5-4所示。

人体的毛发由毛根和毛干两部分组成。毛干露在皮肤外部，由完全角化的细胞组成。毛根是毛发的皮内部分，下段深入真皮之中，由尚未完全角化的上

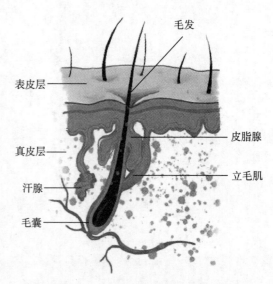

图5-4　皮肤和毛发的构造解剖图

皮细胞组成。

毛根由毛囊包裹。毛囊为一个管状鞘囊，由内向外分为内根鞘和外根鞘两层。毛囊末端膨大成球形，称为毛球。毛球由一群增殖和分化能力很强的细胞构成。毛囊最底部的凹陷处含有结缔组织，连接着毛细血管和神经纤维的毛乳头。毛乳头是毛发和毛囊的生长点，含有毛母质细胞，为生长中的头发提供营养和氧气。如果毛乳头被破坏或退化，头发就停止生长并逐渐脱落。毛母质细胞间的黑色素细胞能将色素输送到新生的毛根上，从而形成毛发的颜色。

毛发与皮肤表面形成一定角度，在锐角侧有一条斜向的平滑肌束，称为立毛肌。它一端附于毛囊，另一端位于真皮的浅部。立毛肌受交感神经支配，在寒冷、恐慌、愤怒时可以收缩而使毛发竖直，使皮肤呈现"鸡皮状"。

毛干呈圆柱状，也有呈扁柱状的。毛干的生理构造从其横截面来看，如图 5-5 所示，可分为表皮层、皮质层和髓质层三层。

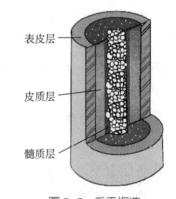

图 5-5　毛干构造

1. 表皮层

表皮层（见图 5-6）由皮质层细胞转化而来，细胞排列紧密，其界限不清，约 27～28 层。表皮层由许多扁平的鳞片状角化细胞组成，起着保护头发的作用。健康的表皮层会使头发呈现天然的光泽，表面平滑。表皮层是毛发表面光泽与否的决定因素。

2. 皮质层

皮质层包裹在髓质层外，为毛发的主体，由柔软的蛋白质及角化的多层菱形细胞构成，头发的水分和黑色素细胞都由这部分控制。其中，黑色素细胞、蛋白质氨基酸等控制头发的韧性、弹性、柔软性、颜色深浅、粗细、形状等特征。

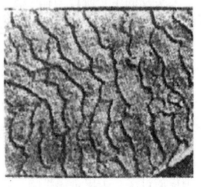

图 5-6　表皮层

3. 髓质层

髓质层位于毛发的中心，由极柔软的蛋白质及含有色素的多角形细胞构成，是毛发的轴心。

二、头发的生长周期

人的头发生长随着年龄、健康状况、遗传等因素而变化。头发生长到了一定时期就会自然脱落，而后又生出新的头发。头发不是无限制生长的，也不是连续生长的，头发的新陈代谢具有一定的周期性。头发的生长周期可分为生长期、退行期和静止期。人的头发一般约有 5% 处于休止状态，这部分头发最容易脱落。人的头发每天都会脱落，每天脱落 50 ~ 100 根是新陈代谢的正常现象，无须紧张。成年人的头发数量为 10 万 ~ 15 万根，其中约有 95% 的头发处于生长期，保持着头发的正常数量。

1. 生长期

头发的生长期一般为 2 ~ 6 年，平均每天生长 0.03 ~ 0.04 cm，每月生长 1 cm左右。当头发长度在 20 ~ 30 cm 时，生长开始变得缓慢。头发生长速度与季节、气候有关，最长的生长期为 25 年。

2. 退行期

退行期约为数周，头发生长速度变得缓慢或停止生长。

3. 静止期

静止期为 4 ~ 5 个月，而后头发就会自然脱落。一般头顶部头发比头侧部头发生长得快。头发细胞死亡，头发开始自然脱落。

头发的生长阶段遵循一定的规律，这一规律是难以改变的。尽管有些方法会起点作用，但改变不了根本，更改变不了这一人体自然规律。

三、头发的常见异常现象

1. 头皮屑

头皮屑是人体头部表皮细胞新陈代谢的产物，可干燥或稍带油。一般情况下，头皮屑与头发无直接关系，每个年龄段的人都有，属于正常的生理现象。但如果头皮屑过多，头皮奇痒难耐，则是病理现象。

（1）造成头皮屑过多的原因。过于疲劳，洗头次数太多，用强碱性的洗发液反复刺激头皮，服用或注射过多的药物等，都会造成头皮屑过多。

（2）护理方法。头皮屑过多一般不需药物治疗；应正确选用洗发、护发用品；应常洗头，但不过勤；洗发时应多用清水冲洗，逐步使皮脂腺分泌趋于正常；应不熬夜，少吃辛辣刺激的食物。

2. 头发干枯、发梢分叉

发梢处头发的保护膜脱落时，头发易产生分叉。而发梢的保护膜一旦脱落，就不可能再修复，这样分叉的发梢可能发展为干枯脆弱的头发。发梢分叉多见于长发，如果护理不当，短发也会出现分叉。

（1）造成头发干枯、发梢分叉的原因

1）人体过度疲劳、营养不良等都会导致皮脂腺分泌不足，使头发缺乏滋润，造成头发干枯、发梢分叉。

2）头发频繁地吹风、吹风过热、长期选用碱性过强的洗发用品，以及频繁地染发、漂发、烫发，均会损伤发质，造成头发干枯、发梢分叉。

（2）护理方法。剪掉分叉发梢，注意劳逸结合，合理调节饮食结构，多吃含碘、维生素 A 及动物蛋白质的食物。正确选用洗发、护发用品，少染发、漂发、烫发，减少吹风的次数。每周对头发进行深度护理，定期焗油，让头发吸收充足的养分。

3. 脱发

健康人每日脱落头发 50 ~ 100 根。如果每天头发脱落量大，短期可见头发变稀疏，甚至形成秃顶，那就不正常了。若是看到脱落的头发发梢与发根粗细相同，根部还有小白点，这说明头发脱落时还很健康。

（1）造成脱发的原因。脱发的原因涉及遗传、免疫系统、内分泌系统、感染、代谢、营养状况等。此外，人的行为异常、环境因素等也会引起脱发。

1）精神因素。精神创伤、焦虑、紧张、新陈代谢紊乱等会引起脱发。

2）营养因素。蛋白质摄入量减少，过多摄入脂肪、维生素 A，维生素 B 缺乏，以及锌、铁、铜的缺乏等会引起脱发。

3）药物因素。一些化疗药物会引起严重的脱发。

（2）护理方法。减少外界的各种刺激，调节吸收及内分泌功能，经常做头部按摩，适当选用头发营养剂，调节头部血液循环及新陈代谢状况。

4. 斑秃

斑秃属病理现象，是一种慢性疾病，其病程持续数月至数年不等。斑秃发病突然，没有明显的症状，起初面积较小，界限分明，但边界上的发根松动，稍动便脱落，而后随着面积的逐渐增大，可从一片增为数片，甚至互相连接形成大片斑秃。

（1）斑秃的发病原因。斑秃与慢性疾病、精神紧张、精神刺激、内分泌失调、免疫力下降、休息不好、营养不良、熬夜或一段时间的精神压力大有密切的关系。

（2）护理方法。保持精神愉快、放松，不熬夜，饮食营养均衡，避免过于劳累，避免吃辛辣食物和饮酒，此外还应根据自身斑秃情况尽快检查和治疗。

5. 早白

早白也就是通常所说的"少白头"。人到中年以后，头发的毛囊中就开始生长白发，随着年龄的增长白发会越来越多，这是由于人体生理机能逐渐衰退、黑色素颗粒减少所致，属于正常的生理现象。头发颜色的深浅取决于黑色素细胞是否分泌及分泌多少黑色素颗粒。如果由于某种原因使黑色素颗粒分泌减少，甚至不分泌黑色素颗粒；或者由于某种障碍使黑色素颗粒不能顺利地运送到毛发的皮质细胞或其间隙里，那么就会出现头发早白的现象。有些中青年，甚至青少年也有白发的现象，在医学上称为营养性毛发失色症。

（1）造成早白的原因。早白多与精神压力过大、不规律睡眠、内分泌障碍、缺乏蛋白质或维生素、全身慢性消耗性疾病等有关。

（2）护理方法。早白一般通过增强体质、改善饮食、增加营养、减轻精神压力、提高睡眠质量、调节内分泌进行护理。染发、焗黑油可以改变白发状态。

培训项目 4

头发日常保养与护理知识

了解健康头发的必备条件。

了解各种发质头发的呵护方法。

一、健康头发的必备条件

1. 洁净

保持头发的洁净是健康头发的基本条件。头皮内的皮脂腺、汗腺分泌出的物质和大气中的尘埃、污染物、微生物相混合，增加了头发间的摩擦，从而伤害头发，还会发出让人难以接受的异味。要勤洗发，边搓洗头发边按摩头皮，促进头部的血液循环，让头皮和头发保持清洁。

2. 健康

要保持良好的头发生长环境，使头发健康生长。健康的头发从发根至发梢都亮泽、顺畅、有弹性。健康的头发能对头皮起到保护作用。

3. 无过多头皮屑

健康的头皮上生长的头发是没有过多头皮屑的。健康的头发呈弱酸性。弱酸性的发质保护和平衡着头皮。保护头发的生长环境很重要。

4. 发丝柔顺

头发飘逸柔顺、不打结、梳理顺畅，发尾不毛、不分叉。

5. 滋润有弹性

头发亮丽、滑润，富有弹性，易于造型，易于梳理。

二、呵护头发

健康的头发需要加以呵护，不要造成发尾逐渐干燥、变黄、多孔，更不要人为地去损伤。过多地漂发、烫发、染发，以及强紫外线照射头发、游泳浸泡头发等，都会造成头发的损伤，还会影响身体健康。每天保持良好的心态，常洗发，每次洗发后用专业护发用品进行养护，能使头发恢复光泽和弹性，让头发结构组织紧密、柔亮。

健康或受损的头发都需要呵护，以保持头发的弹性、柔顺性和可塑性。市场上护发用品种类很多，大部分护发用品具有增加发质弹性和保湿功能，可以锁住头发内的水分。如果头发水分挥发、流失过多，则会干枯、失色、蓬乱、没有弹性。护发用品里的一些保湿因子是由动植物的提取物和维生素 B_5 组成的，它能使干燥的头发柔亮、滋润、有弹性。

1. 油性发质

油性发质的特征为头发油腻、缺乏光泽、触摸有黏腻感，发根处有油垢，头皮屑多，头皮瘙痒。油性发质主要是油脂分泌过多。内分泌失调、遗传、精神压力大、过度梳理、摄入高脂肪食物等因素会使油脂分泌增加。油性发质的人一般头皮也是油性的，头皮的皮脂腺分泌比较旺盛。

油性发质的人要经常清洗头发和头皮。洗发用品选用 pH 值偏高的强碱性洗发液，才能彻底清除多余的油脂。

判断方法：如果头发洗完后 12～24 h 比刚刚洗完时油腻，就应该是油性发质。

2. 干性发质

干性发质的特征为油脂少，容易有头皮屑，头发干枯毛燥、无光泽、触摸时有粗糙感、不顺滑、易缠绕打结、造型后易变形。

洗发时，应选用干性发质专用的洗发用品。护理方法是早晚按摩头皮，这可以促进头发的新陈代谢，修复皮脂腺，促使油脂正常分泌。

判断方法：如果头发洗完后 12～24 h 比刚刚洗完时干燥，就应该是干性发质。

3. 中性发质

中性发质的特征为头发有光泽、柔顺、健康，既不油腻也不干燥，软硬适度，丰润柔软，有自然的光泽，适合做各种发型。中性发质是理想的发质。

为保持中性发质原有的状态不受外部因素影响，在洗护过程中应选择中性发质适用的洗发和护发用品。

判断方法：如果头发洗完后 12～24 h 与刚刚洗完时差不多，就应该是中性发质。

4. 受损发质

受损发质的特征为头发干燥，触摸有粗糙感，缺乏光泽，颜色枯黄，容易折断，发尾分叉，不易造型。

受损发质在洗发及护理时要使用弱碱性、酸性洗发用品和酸性较强的护发用品。定期焗油可以加强受损发质的保护。

判断方法：如果头发洗完后 12～24 h 比刚刚洗完时干燥，触摸有粗糙感，就应该是受损发质。

5. 混合性发质

混合性发质的特征为头皮油腻但头发干燥，靠近头皮 1 cm 左右的头发油腻，越往发梢越干燥甚至分叉。混合性发质是一种干性发质与油性发质的混合状态。过度进行烫发或染发，护理又不当，会造成发丝干燥但头皮油腻的混合性发质。经期的妇女和青春期的少年多为混合性头质，此时体内的激素水平不稳定，于是出现多油和干燥并存的现象。

混合性发质综合了干性发质和油性发质的特点，应选择针对混合性发质的洗发用品，并要注意发尾的护理。

判断方法：如果头发洗完后 12～24 h 比刚刚洗完时的发根部油腻，而发梢部分干燥，甚至分叉，那么头发就属于混合性发质。

思考题

1. 颅骨分为哪两部分？
2. 表皮由哪几部分结构组成？
3. 毛发生长的三个阶段是什么？
4. 简述各种发质的特征与判断方法。

职业模块 ⑥

脸型、头型、身材知识

培训项目 ① 脸型分类与特征

了解脸型的分类。

了解各种脸型的特征。

脸型、头型是设计发型的主要依据。不同的脸型或头型，发型设计的效果不一样。同一款发型在不同的脸型、头型上出现时，其效果截然不同。每个人的脸型、头型各有差异，俗话说"百人长百相"。根据几何图形分析法，脸型可分为椭圆形脸、圆形脸、长方形脸、方形脸、正三角形脸、倒三角形脸、菱形脸7种。只有准确地掌握不同脸型和头型的特征，设计的发型才能与整体协调，达到和谐统一的视觉效果，给人以美的享受。

一、椭圆形脸

椭圆形脸又称鹅蛋脸，上下匀称，属于标准脸型，如图6-1所示。

特征：额头与颧骨等宽，下颌稍瘦一点，脸宽约为脸长的2/3，是女性的理想脸型。

印象：唯美、清秀、端庄、典雅，是传统审美眼光中的理想脸型，体现一种和谐美。

二、圆形脸

圆形脸又称田字脸或娃娃脸，额头、颧骨、下颌的宽度基本相同，额前发际线低，耳部两侧较宽，肌肉比较丰满，如图6-2所示。

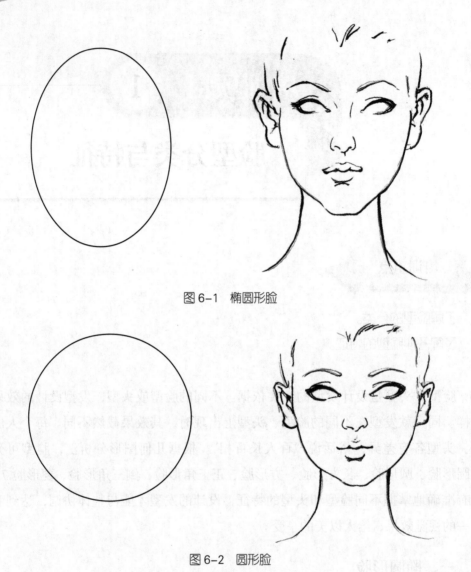

图 6-1　椭圆形脸

图 6-2　圆形脸

特征：脸短，比较圆润，面颊肌肉丰满，有点像婴儿一样。

印象：比较活泼、可爱、温柔、热烈、健康，很容易让人亲近，但也容易给人幼稚和不成熟的感觉。

三、长方形脸

长方形脸又称目字脸，上下落差较大，多数额前发际线较高，显得脸比较长，如图 6-3 所示。有的额前发际线虽不高，但由于脸庞较清瘦或五官位置比例不匀称，也会给人以脸长的感觉。

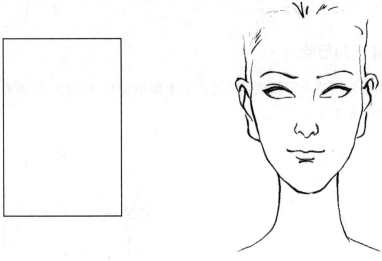

图 6-3　长方形脸

特征：横向宽度较小，额头不是很宽，脸较狭长。

印象：给人成熟、沉着、稳健的感觉。

四、方形脸

方形脸又称国字脸，方方正正的脸纵向距离比较短，额角高而阔，两颊突出，下颌部较宽，脸型显得比较方正，如图 6-4 所示。

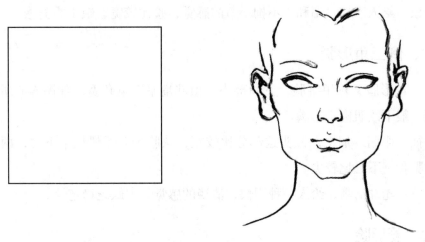

图 6-4　方形脸

特征：棱角分明，下巴宽阔，轮廓清晰，脸部显得大，且缺乏柔和感，脸的宽度和长度比较接近。

印象：给人严肃、倔强、生硬、稳重的感觉。在我国"方头大耳"被认为是富贵相。

五、正三角形脸

正三角形脸又称由字脸或梨形脸，上半部小、下半部大，头顶尖，额头窄，下巴宽，如图6-5所示。

图6-5　正三角形脸

特征：额头比较窄，脸的最宽处是下颌，呈现上小下大的正三角形，一般较肥胖的人为此脸型。

印象：给人亲切、温和、不拘小节的感觉，脸比较宽，缺少柔美感。

六、倒三角形脸

倒三角形脸又称甲字脸，下颌部小，顶部扁平，额角宽，如图6-6所示。这类脸型一般下颌肌肉不丰满。

特征：眼睛、眉毛、额头这部分比较宽，从脸蛋开始慢慢窄下去，两边没有明显的腮骨，下巴比较尖。

印象：轮廓清晰，给人一种明快、清淡的感觉，但缺乏稳定性。

七、菱形脸

菱形脸又称申字脸，一般是尖顶，窄额角，下颌部窄小，颧骨较高，脸部较长，如图6-7所示。

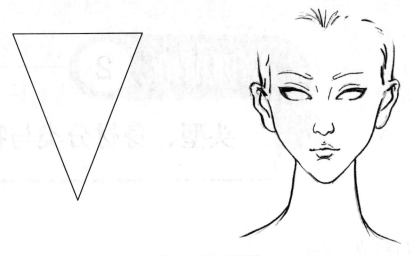

图 6-6 倒三角形脸

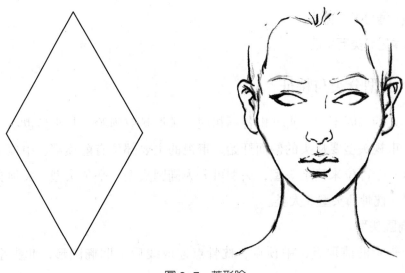

图 6-7 菱形脸

特征：颧骨高，下颌瘦，具有立体感。

印象：线条结构清晰，给人起伏多变、冷漠清高的感觉。

培训项目 ②

头型、身材分类与特征

了解头型分类与特征。

了解身材分类与特征。

一、头型分类与特征

每个人的基因不同，头型也各不相同。哪怕是双胞胎，其头型也不会是完全一样的。审视头型要从头的侧面开始，审视的主要部位有前顶部、中顶部、枕骨部。从这三个部位来确定头型，头型可分为椭圆头型、平顶头型、尖顶头型、枕骨凹头型、枕骨凸头型5大类。

1. 椭圆头型

椭圆头型的前顶点、中顶点、枕骨点连成线后呈凹椭圆形，此头型是标准头型。

2. 平顶头型

平顶头型的头顶是平的，前顶部和中顶部不呈凹陷状，属于常见头型之一。

3. 尖顶头型

尖顶头型枕骨以上逐渐收小，中顶部向上鼓起，顶如橄榄球状。

这种头型不但有拉长头型的感觉，还有增高身材的视觉效果。

4. 枕骨凹头型

枕骨凹头型的枕骨部扁平或略有凹陷，枕骨处没有突起圆形，但中顶部却产生了尖的感觉。

5. 枕骨凸头型

枕骨凸头型的枕骨部凸起较高，使头型横向加长，看起来有头型变方的感觉。

二、身材分类与特征

1. 高瘦型

高瘦型身材的人容易给人细长、单薄、头部小的感觉，发型要求生动饱满。高瘦型身材的人不宜烫发，避免将头发梳得紧贴头皮或过分蓬松，以免造成头重脚轻的感觉。一般来说，高瘦型身材的女性最好修剪中长发或长直发，可以修剪出层次。若是长发，应避免将头发削剪得太薄，底线形状可修饰成 V 字形。染发应以较浅或多色彩的设计去增加其肩膀的宽度。高瘦型身材的女性应避免短发，中长发的长度在下巴与锁骨之间较为理想，且要使头发显得厚实、有分量，刘海不宜梳得太高，最好能盖住一部分前额。

2. 高大型

高大型身材给人一种力量美，但对女性来说，缺少苗条、纤细的美感。为适当减弱这种高大感，发型应以大方、简洁为好。高大型身材的人一般以直发为好，长发最好烫成蓬松的大花，但头发不宜太长或太蓬松。底线形状可修饰成水平线。避免将头发削剪得太薄。染发应以较自然或较深的色彩去修饰或掩饰其肩膀的宽度。高大型身材的人发型设计原则是简洁、明快、线条流畅。

3. 矮胖型

矮胖者显得健康，要利用这一点产生一种有生气的健康美。矮胖者一般脖子显短，因此不要留披肩长发，刘海处可以吹得高一点，两侧头发向前面吹，不要遮住面部，尽可能让头顶头发蓬松。显露脖颈的短发及 A 字形修剪有拉长的效果。矮胖者应避免过宽的发型。

4. 矮小型

个子矮小的人给人一种小巧玲珑的感觉，在发型选择上要与此特点相适应。身材矮小者发型应以秀气、精致为主，避免粗犷、蓬松，否则会使头部与整个形体的比例失调，给人大头小身体的感觉。身材矮小型的人烫发时，应将花式、块面做得小巧、精致一些；若盘头，则应在头顶部扎马尾或梳成发髻，尽可能把重心向上移，产生身材增高的感觉。身材矮小者比较适合偏冷色调的发色，强调拉长的感觉。身材矮小者不适宜留长发，因为长发会突显头型，破坏人体比例的协调。

思考题

1. 脸型采用几何图形分析法可以分为哪几种类型？
2. 椭圆形脸、菱形脸、圆形脸的特征分别是什么？
3. 方形脸、倒三角形脸的特征及给人的印象分别是什么？
4. 头型如何分类，其特征是什么？
5. 简述身材矮小者的发型设计要求。

职业模块 **7**

按摩基础知识

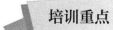

培训项目 ① 按摩的原理与用具、用品

培训重点

了解按摩的原理。

了解美发行业按摩的作用。

了解按摩用具、用品相关知识。

了解按摩要点和注意事项。

一、按摩的原理

按摩以中医的脏腑、经络学说为理论基础，运用各种手法刺激人体特定部位或某些穴位，达到促进血液循环、增强皮肤抵抗力、调整神经功能的目的。按摩分为保健按摩、运动按摩、医疗按摩等。保健按摩是我国美发行业的传统服务项目之一。

二、美发行业按摩的作用

1. 疏通经络

美发按摩可以打通经络系统，开启经络之门，促进头皮血液循环，给头发的生长与保养提供更多更好的营养成分。

2. 平衡阴阳

阴阳平衡是指人体的阴阳双方保持协调，呈现一种协调的状态，是生命活力的根本，阴阳平衡则健康、有神，阴阳失衡则早衰、易患病。

3. 调整脏腑

按摩能调肾、调脾、调肺、调肝、调心及调节人体内各脏腑，疏通气血、调理阴阳，促进人体健康。头部按摩为头发的生长与保养提供了有利条件。

总之，用双手按摩也好、用按摩器械辅助也好，都能产生物理效应，实现从体表到体内疏通经络，使人体气血运行畅通的作用。实践证明，人体接受按摩后，微循环系统畅通，毛细血管扩张，血流加速，从而改善全身的血液循环，加速人体内部有害物质的代谢，可以达到健体强身的目的。

三、按摩用具用品

按摩用具主要有按摩椅、按摩床、按摩枕，还有木质丁字按摩器、木质羊角按摩器、手枪式按摩器、滚动按摩器等。按摩用具要具备国家相关部门检验后颁发的合格证书，并要求安全、牢固、舒适、方便操作。

按摩用品主要有滑石粉、红花油、按摩油、生姜汁、薄荷水、按摩膏、护肤膏、护肤水、橄榄油等。

按摩用品的主要作用是润滑皮肤，营养皮肤，便于按摩操作，达到疏通经络、加快气血循环、保持机体阴阳平衡的作用。

四、按摩要点

1. 环境舒适

按摩时的环境要求为：足够的空间、新鲜的空气、适宜的温度、整洁的摆设。按摩操作者要注意个人卫生，并且按摩时必须戴口罩。

2. 思想集中

按摩时，按摩操作者要用意念引导按摩操作，用心体会点穴的准确性与轻重程度，严禁喧哗、嬉笑、聊天。

3. 体位适宜

按摩时，按摩操作者要调整气息、充分放松、压力适度、呼吸匀称，以提升效果。

4. 抓住重点

按摩时，按摩操作者要把握"离穴不离经，离经不离痛"的原则，分清保健、预防和解除疼痛的目的。

5. 把握时间

按摩时要循序渐进。

6. 使用器械

按摩操作者要熟悉器械操作原理，掌握器械操作方法，安全有效地结合手法进行按摩。

五、按摩注意事项

1. 饥饿时、刚进食后不宜按摩，醉酒者、高烧发热者不宜按摩。

2. 孕妇尽量不要做按摩。

3. 经期妇女慎用按摩手法。

4. 软组织损伤、皮肤破损处慎做按摩。

按摩常用手法

培训重点

了解按摩常用手法。

美发行业采用按摩手法疏通气血，调节人体内各脏腑的功能，促进人体健康。洗发时按摩顾客的头部、肩颈部可起到消除疲劳、舒筋活血的作用，深受广大顾客的欢迎。

一、拿

用一手或双手拿住皮肤、肌肉或筋膜，向上提起，随后又放下。

二、推

用手指、手掌、拳或肘向前、向上或向外推挤皮肤和肌肉。

三、按

按分为指按和掌按两种。指按是用指腹按压体表。掌按是用单掌按压体表，也可用双掌分开或重叠按压体表。

四、摩

摩分为掌摩和指摩两种。掌摩是用掌面附着在一定部位上，以腕关节为中心，连同前臂做节律性的环旋运动。指摩是用食指、中指、无名指的指面附着在一定部位上，以腕关节为中心，连同手掌做节律性的环旋运动。掌摩和指摩时，关节自然弯曲，腕部放松，指掌自然伸直，动作缓和而协调。

五、捏

捏有三指捏和五指捏两种。三指捏就是用大拇指、食指、中指夹住肢体或肌肤，相对用力挤压。五指捏就是用一只手的五个手指夹住肢体或肌肤，相对用力挤压。在做相对用力挤压动作时，要循序而下，均匀而有节律。

六、揉

揉分为掌揉和指揉两种。掌揉是将手掌大鱼际或掌根置于一定的部位或穴位上，腕部放松，以肘部为支点，前臂做主动摆动，带动腕部做轻柔缓和的摆动。指揉是将手指指纹面置于一定的部位或穴位上，腕部放松，以肘部为支点，前臂做主动摆动，带动腕和掌指做轻柔缓和摆动。操作时，压力要轻柔，动作要协调而有节律。

七、点

点分为指点和屈指点两种。指点是用拇指端点压体表或穴位。屈指点又分为屈拇指点和屈食指点。屈拇指点是用拇指指间关节桡侧点压体表或穴位。屈食指点是用指近侧指间关节点压体表。点这种方法作用面积小，刺激量大。

八、滚

用手背近小指部着力于体表部位，通过腕关节的伸曲和前臂的旋转做协调的滚动。

九、拍

用虚掌拍打体表称为拍。操作时，手指自然并拢，指关节微屈，平稳而有节奏地拍打体表部位。

十、擦

擦是指用手掌的大鱼际、小鱼际或掌根在相关部位进行直线来回摩擦。

按摩手法很多，几种常用的按摩手法如图 7-1 所示。

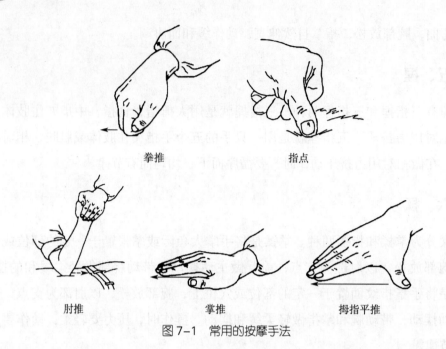

拳推　　　　　　　　　　　　　指点

肘推　　　　　　　掌推　　　　　拇指平推

图 7-1　常用的按摩手法

培训项目 ③

经络、穴位基础知识

培训重点

了解经络的组成和功能。

了解穴位的作用规律和取穴方法。

了解头面部、肩颈部的常用穴位。

一、经络概述

经络是运行全身气血、联络脏腑肢节、沟通上下内外的通道。

1. 经络的组成

经络是由经脉和络脉组成的，如图 7-2 所示。"经"是路径、主要干线的意思，"络"是网络、支线的意思。经脉是人体的主要干线，络脉是经脉的分支系统。经络遍布全身，无处不至。经络系统有规律地循行和交接，把全身内外联结成一个有机的整体，就像一个城市的交通道路一样，由主要干线与小巷小弄联结成网络系统，每天行人与车辆川流不息，如果堵塞就会造成交通瘫痪。经络就是人体的交通系统，它所运行的就是营养全身的气血，气血在经络中川流不息，周而复始，吐纳交换，这样身体才能健康强壮；如果气血在某个部位停滞不通，那么人体就会出现各种病痛，因此中医有"不通则痛，通则不痛"之说，"通"是指气血通畅，"痛"是指各种病痛。

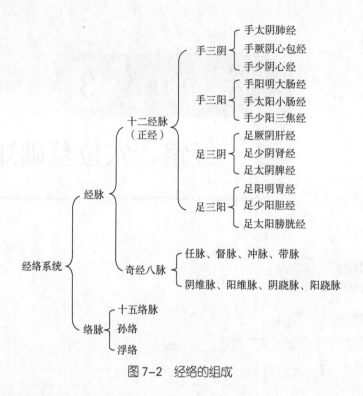

图 7-2　经络的组成

2. 经络的功能

（1）运行气血，协调阴阳。经络是气血运行的通道，通过经脉的横纵穿行，络脉的网状渗透，奇经八脉的相互沟通，将气血输布全身，濡养脏腑组织器官，充实皮肤骨骼肌肉。同时，由于经络的联系，人体的内外、上下、左右、前后、脏腑、表里之间得以保持相对的平衡。

（2）抵御病邪，反映症候。发生疾病时，首先由经络调动气血奋力抵抗。外邪是通过经络由表及里、由浅入深的。体内病变也是沿着经络由内传外，由脏腑反映到体表的，如人的容颜衰老、面皱无华、暗疮、色斑、脱发等就是体内病源反映于外表。

（3）传导感应，调整虚实。针灸、按摩、气功等都通过经络传导感应来调整机体的阴阳虚实，具体表现为经络、穴位处出现酸胀沉重的感觉，中医学将它称为"得气"，这里所说的气就是经气，是经络的一种独特的生命现象，而且这种气会沿着经络传导运行，反映到所联系的脏腑，调理时就是取"气行"的作用，"泻其有余、补其不足"，达到调整机体的作用。

二、穴位概述

穴位是脏腑、经络、气血输注于体表的特殊部位，是针法、灸法、按摩等的施术部位。

1. 穴位的作用规律

（1）穴位的远调作用。穴位具有调理其远隔部位的脏腑、组织器官的作用。例如，曲池不仅能调理上肢的不适，还能缓解高血压、便秘等；百会可开窍醒脑，又可调理脱肛、痔疮等。

（2）穴位的近调作用。穴位具有调理其所在部位及其邻近器官的作用。例如，风池、大椎、肩中俞、肩外俞均能缓解肩颈不适，命门、肾俞、腰阳关均能缓解腰部不适等。

（3）穴位的特殊作用。穴位的特殊作用是指穴位具有双向的良性调整作用。穴位在不同的机体不适状态下，具有相反而有效的调节作用。例如，曲池、合谷既可疏散风寒，又可疏散风热。

2. 穴位定位方法

穴位定位即寻找穴位位置，也称为取穴。每个穴位都有一定的位置，按摩效果与取穴准确与否密切相关。按摩操作时，局部出现酸、麻、胀、痛等反应，如同针刺穴位时的"得气"感，说明取穴准确。常用的穴位定位方法有以下三种。

（1）体表法。体表法是一种比较准确而又简单的取穴法，以体表皮肤的皱襞、肌肉部的凹陷、肌腱的暴露处、某些关节间隙等较固定的形态作为取穴标志。

（2）指量法。以手指为尺寸标准来量取穴位称为指量法，也叫手指同身寸法、指寸法。指量法有拇指同身寸法、中指同身寸法、横指同身寸法。

1）拇指同身寸法。以顾客拇指关节的横度为 1 寸，适用于四肢部位的取穴。

2）中指同身寸法。将顾客中指屈曲，取其中节两端纹头之间的距离，折算成 1 寸，常用于腰部、背部或腹部取穴。

3）横指同身寸法。合拢顾客的食指、中指、无名指、小指，以中指中节横纹处为准，四指横量为 3 寸，食指、中指合并后两指宽度相当于 1.5 寸，常用于上肢或下肢取穴。

（3）折量等分寸法。折量等分寸法又称骨度法，是将身体的不同部位分成若干固定的等份，每一等份折算成 1 寸进行测量取穴的方法，适用于不同年龄、高矮、胖瘦的体型。

三、头面部的主要穴位

头面部的穴位很广泛（见图7-3），每个穴位都有其特定的功能。

了解头面部的主要穴位功能和反射用途，在操作时准确找到相应的穴位进行按摩可起到舒筋活血、缓解疲劳、保健调理的作用。头面部主要穴位见表7-1。

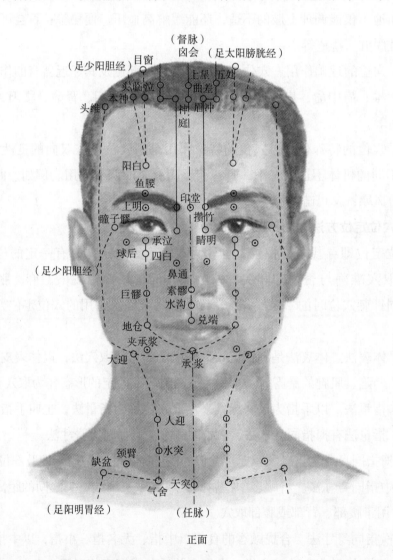

正面

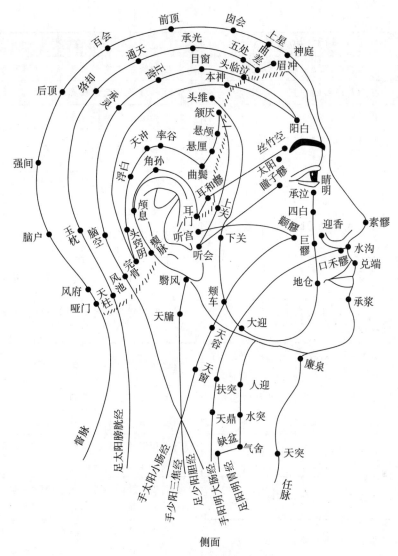

图 7-3　头面部的主要穴位

表 7-1　头面部主要穴位

穴位名称	穴位位置	按摩功效
神庭	前发际线正中直上 0.5 寸	调理和缓解头痛、鼻炎、角膜炎、眼疾等
上星	头部发际线正中直上 1 寸	具有降浊升清、清热散风、通窍明目、宁神通鼻的作用
百会	颅顶正中线与两耳尖连线的交点	缓解头痛、头晕、休克、高血压、失眠等
风府	颅后发际线正中直上 1 寸	调理和缓解感冒、头痛、中风、颈项强直等
瞳子髎	外眼角眶外缘处	有明目、缓解眼部疲劳、改善视力的功效
睛明	目内眦稍上方凹陷处	可缓解眼部疲劳、面神经麻痹

续表

穴位名称	穴位位置	按摩功效
攒竹	眉头的凹陷处，眶上切迹处	调理和缓解近视、目眩、目视不明等
印堂	在两眉连线的中点	调理和缓解三叉神经痛、眩晕
迎香	鼻翼旁 0.5 寸	调理和缓解面瘫、鼻塞
下关	颧弓下缘中央与下颌切迹之间的凹陷处	调理和缓解面部肿痛、牙痛、耳鸣
耳门	面部耳屏上切迹的前方，下颌骨髁突后缘，张口有凹陷处	开窍聪耳、泻热活络，是改善多种耳疾的首选穴位
太阳	在眉梢与目外眦之间向后 1 寸的凹陷处	调理偏头痛、目赤肿痛等
四白	目正视时瞳孔直下，颧骨上方凹陷处	缓解眼部疲劳，改善黑眼圈，预防眼袋
承泣	目正视时瞳孔直下，眶下缘于眼球之间	调理和缓解目赤肿痛、夜盲症、迎风流泪、眼袋松弛等
神聪	头顶部前后左右各 1 寸处的四个穴位	调理和缓解头痛、偏瘫、失眠、健忘等
承浆	在颏唇沟的中央，下唇的凹陷处	调理和缓解牙痛、面瘫等
头临泣	阳白穴直上入前发际 0.5 寸	调理和缓解头痛、牙痛、耳鸣等
地仓	口角外侧 0.4 寸，瞳孔直下	调理和缓解面瘫、口角歪斜、流涎等，可以维持肌肤的张力，预防面部下垂
颧髎	外眼角直下，颧弓下缘凹陷处	有提升收紧的功效，对于松弛下垂的肌肤有很好的改善效果
鱼腰	眉毛的中点，瞳孔的正上方	对眼睑下垂有很好的提升效果，调理和缓解目赤肿痛、近视、偏头痛、面神经麻痹等
丝竹空	眉梢的凹陷处	调理和缓解头痛、目眩、目赤痛、牙痛、眼部疲劳等
听宫	耳屏正中凹陷处	调理和缓解耳聋、齿痛、中耳炎等
听会	屏间切迹的前方，下颌骨髁突后缘，张口有凹陷处	调理和缓解耳聋、耳鸣、压痛、口歪眼斜等
翳风	耳垂后，乳突和下颌骨之间的凹陷处	调理和缓解耳鸣、耳聋、口歪眼斜、牙关紧闭、颊肿等
风池	风府穴两旁约 1 寸的凹陷处	调理和缓解感冒、头晕、眼疾等
阳白	目正视时瞳孔直上，眉上 1 寸	调理和缓解头痛、目眩、夜盲等
颊车	用力咬牙时，咬肌的最高处	调理和缓解下颌关节炎、面神经麻痹等

四、肩颈部的主要穴位（见图 7-4、表 7-2）

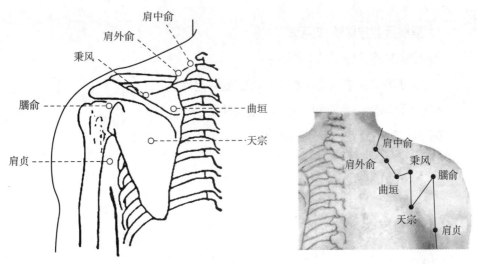

图 7-4　肩颈部的主要穴位

表 7-2　肩颈部的主要穴位

穴位名称	穴位位置	按摩功效
肩中俞	位于第7颈椎棘突下旁开2寸，归属手太阳小肠经	有调理和缓解视力减退、咳嗽、气喘、肩背疼痛等作用
肩外俞	位于人体背部，第1胸椎棘突下旁开3寸	可使体内血液流畅，对调理和缓解肩膀僵硬、耳鸣等非常有效
秉风	位于肩胛冈上窝中央，天宗直上，举臂有凹陷处	调理和缓解肩胛疼痛、上肢酸麻等
臑俞	位于人体的肩部，腋后纹头直上，肩胛冈下缘凹陷处	舒筋活络、化痰消肿、调理和缓解肩臂疼痛等
肩贞	位于肩胛区，肩关节后下方，腋后纹头直上1寸	具有舒筋利节、通络止痛、消肿散结的作用
曲垣	位于肩胛冈上窝内侧，在臑俞与第2胸椎棘突连线的中点处	调理和缓解肩背疼痛、肩关节周围炎、颈项强急、冈上肌腱炎等
天宗	位于肩胛区，肩胛冈下窝凹陷处，与第4胸椎相平	调理和缓解肩胛部疼痛、肩关节周围炎、慢性支气管炎等

思考题

1. 美发行业按摩的作用有哪些？

2. 按摩时的注意事项有哪些？

3. 按摩中摩、捏这两种操作手法的要点是什么？

4. 按摩中揉、点这两种操作手法的要点是什么？

5. 穴位定位的常用方法有哪些？

职业模块 ⑧

美发工具、用品和仪器

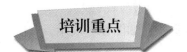

美发工具、用品

了解修剪梳理类工具和用品。

了解造型类工具和用品。

一、修剪梳理类工具和用品

1. 围布、毛巾

围布、毛巾起到防止衣物、皮肤被洗发用品、烫发用品、染发用品等污染的作用，如图 8-1 和图 8-2 所示。

图 8-1　围布

图 8-2　毛巾

2. 喷水壶

喷水壶用于喷湿头发，使头发易梳理，有助于修剪头发，如图 8-3 所示。

3. 颈刷

颈刷可清洁头部、颈部碎发，如图 8-4 所示。

图 8-3　喷水壶　　　　　　　　　图 8-4　颈刷

4. 平剪

（1）大号平剪。大号平剪长约 26 cm。大号平剪常用于精剪前决定留发的长短，或用于修剪发式的大概轮廓（俗称粗剪）。大号平剪分为"立口"和"坡口"两种。立口大号平剪锋利，断发快；坡口大号平剪耐用。

（2）小号平剪。小号平剪是自 20 世纪 80 年代才开始普遍采用的修剪工具，用优质钢材制成，按长度分为多种规格，小巧玲珑，使用方便。有的小号平剪的一片剪刃是光面，另一片剪刃上有非常细腻的丝纹，这种平剪具有衔发准确不滑动的特点。还有的小号平剪两片剪刃都是光面，也称快口平剪，非常锋利，既可双刃合用，又可单刃独用，剪断、削发灵便自如。

小号平剪是修剪头发的主要工具之一，能体现精准的修剪效果，如图 8-5 所示。

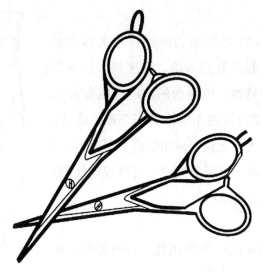

图 8-5　小号平剪

5. 牙剪（锯齿剪）

牙剪的刀片中，一片是普通剪刃，另一片是锯齿状剪刃，如图 8-6 所示。锯齿形状较多，锯齿的间距有大有小，有的顺序排列，有的间隔排列，有的一长一短参差排列，有的可以手动调整齿距，无论何种形式的锯齿排列，都能起到减少发量、制造层次和调整色调的作用。

（1）锯齿的密度。常用牙剪的齿数为 27 ~ 40 个。锯齿的密度决定下剪时打薄头发的百分比。

（2）齿口的形状。齿口的形状决定了修剪后的发式结构。常见的齿口有 V 字形口和 U 字形口。V 字形口和 U 字形口有凹槽，能把头发有比例地固定在齿口内，另一片剪刀就把齿口内的头发剪断，齿口以外的头发就让其自然滑走。

（3）齿口的宽度。常用牙剪的齿口宽度为 1 ~ 1.2 mm（细齿），凹槽位只能容纳 1 ~ 2 根头发。专业特殊发式牙剪的齿口宽度为 3 ~ 5 mm（粗齿），凹槽位可容纳 5 ~ 10 根头发。

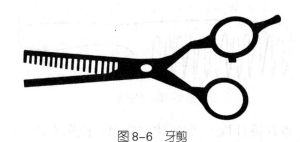

图 8-6　牙剪

6. 电推剪

电推剪（见图 8-7）依靠电力驱动齿片来回摆动，从而将头发切断。电推剪有齿片薄、速度快、效率高、省力、切头发干净等特性。电推剪的额定电压有 24 V、36 V、220 V 之别。交直流两用电推剪与交流电推剪的区别在于电力驱动方式。交直流两用电推剪可充电，将电推剪里的电池充满电（可反复充电）可摆脱电线的拖拉，使用与携带时更加便捷。

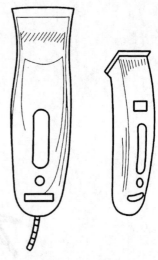

图 8-7　电推剪

7. 发梳

（1）剪发梳。剪发梳也称两用梳，有同等齿距梳、一头粗齿一头细齿梳、梳背厚齿尖薄梳等。在美发操作时，剪发梳配合剪刀和电推剪修剪头发。粗齿用来配合修剪长发和层次，细齿用来配合制造层次和色调。剪发梳也起到梳通发丝、给头发分区等作用，如图 8-8 所示。

图 8-8　剪发梳

（2）小抄梳。小抄梳主要用于配合男发色调修剪，具有齿薄、易断等特点，如图 8-9 所示。

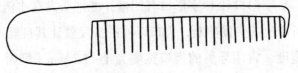

图 8-9　小抄梳

（3）梳发梳。梳发梳主要用于梳长直发、长卷发等，如图 8-10 所示。

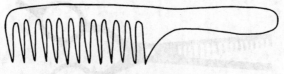

图 8-10　梳发梳

（4）尖尾梳（也称挑针梳）。尖尾梳的作用是梳顺发丝，以及协助卷发、盘发、分发片、分发区、卷杠等操作，如图 8-11 所示。

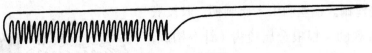

图 8-11　尖尾梳

8. 发刷

（1）排骨刷。排骨刷由耐热塑料制成，刷齿一长一短为一组，因其梳身造型犹如排骨的形状而得名，如图 8-12 所示。排骨刷具有使发根站立、拉顺发丝的功能，多用于短发吹风造型及前额吹风造型。用排骨刷塑造的发型具有纹理粗犷活泼、动感强等特点。

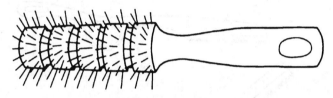

图 8-12　排骨刷

（2）滚刷。滚刷有的由粗细尼龙刷齿组合制成，有的全部由鬃毛制成，有的由鬃毛和尼龙刷齿混合制成，有的由耐热硬塑料刷齿制成，也有的由铝合金刷齿制成，如图 8-13 所示。吹风造型时，滚刷主要用来抚顺发丝，使发根富有弹力和光泽。

图 8-13　滚刷

（3）九行梳。九行梳由塑料柄、胶皮底托、九行整齐排列的塑料梳齿构成，如图 8-14 所示。可以直接用九行梳造型，也可以在用过排骨刷、滚刷之后，再用九行梳调整发丝纹理。用九行梳塑造的发型纹理细腻柔和。

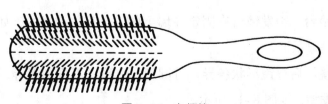

图 8-14　九行梳

（4）钢丝刷。钢丝刷由木质刷柄、胶皮底托、整齐排列的一根根金属梳齿（针）构成，如图 8-15 所示。用钢丝刷梳刷后的发丝纹理清晰亮丽。钢丝刷多用于梳理波浪式发型和束发造型。

图 8-15　钢丝刷

9. 剃削刀

（1）削刀。削刀由优质钢材制成，刀片薄而锋利，外围有安全保护套，用于削短头发、削薄发丝、制造柔和纹理，如图 8-16 所示。

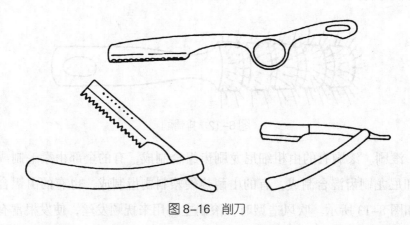

图 8-16　削刀

（2）剃刀。剃刀由优质钢材制成，刀片薄而锋利。剃刀是剃须、修面、剃光头的专用工具，如图 8-17 所示。

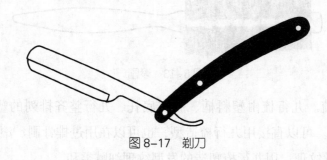

图 8-17　剃刀

10. 镜子

（1）美发镜台。美发镜台有固定在墙上的，也有移动式的，如图 8-18 所示。镜面有的可以是显示屏。

（2）后视镜。后视镜形状各异，有圆形、方形、不规则形等，主要用于方便顾客观察后部发型，如图 8-19 所示。

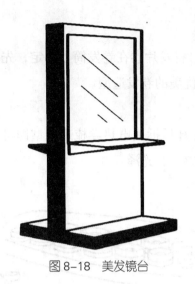

图 8-18　美发镜台

图 8-19　后视镜

二、造型类工具和用品

1. 吹风机

（1）有声吹风机。有声吹风机俗称响风机，一般功率都在 1 200 W 以上，是吹风造型的主要工具，主要由金属或塑料制成的外壳、电动机、换向器、电热丝、开关、风叶等组成，具有热量高、风量大的特点，配合各类梳刷可以塑造出优美漂亮的发型，如图 8-20 所示。

（2）无声吹风机。无声吹风机俗称小吹风机，是发式造型的定型工具，主要由金属制成外壳，具有风量小、热能集中的特点，如图 8-21 所示。

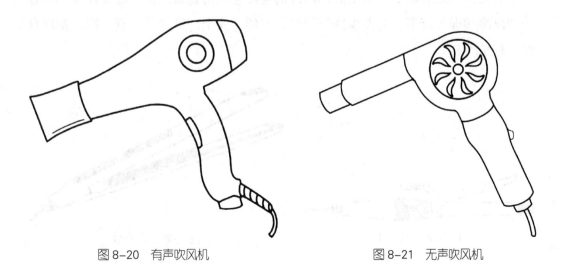

图 8-20　有声吹风机

图 8-21　无声吹风机

2. 卷发筒

卷发筒是一种卷发工具，如图8-22所示。将发片卷在卷发筒上固定，先加热再冷却，拆去卷发筒后整理成型，即可塑造出优美的卷发造型。

3. 电热卷

电热卷（见图8-23）通过电加热发片，冷却后拆去电热卷梳理造型即可。电热卷操作简单、方便、安全，发卷造型自然动感、有光泽。

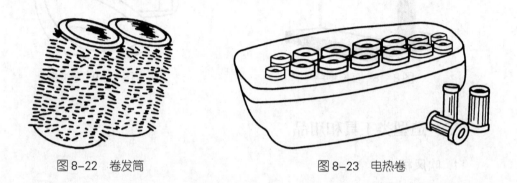

图8-22 卷发筒　　　　　　　　　　图8-23 电热卷

4. 电卷棒

电卷棒（见图8-24）通电后，内部的电热丝加热电卷棒，将发片卷绕在加热后的电卷棒上，电卷棒上的热量传导至发片上使头发卷曲，冷却后即定型。电卷棒操作简单、方便、安全，发卷造型自然动感、有光泽。

5. 电夹板

电夹板（见图8-25）通电后，内部的电热丝或陶瓷板加热，将发片夹平夹直并加以冷却即可定型。电夹板操作简单、方便、安全，发片平、直、顺，发丝自然、有光泽。

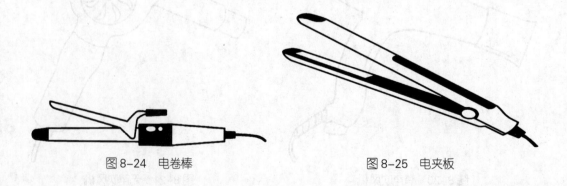

图8-24 电卷棒　　　　　　　　　　图8-25 电夹板

6. 烫发类工具和用品

烫发类工具和用品有烫发杠、烫发衬纸、围盆（垫盒）、毛巾、塑料帽（保鲜膜）、烫发专用围布、棉条、定位夹、插针等。各种形状的烫发杠和烫发衬纸如图 8-26 所示。

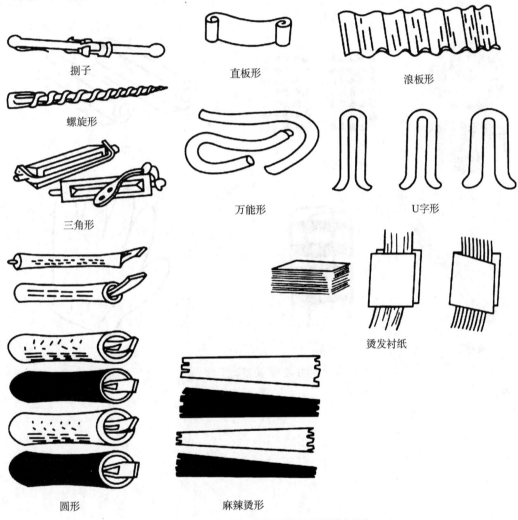

捌子　　　　　直板形　　　　　浪板形

螺旋形

三角形　　　　万能形　　　　U字形

烫发衬纸

圆形　　　　　麻辣烫形

图 8-26　各种形状的烫发杠和烫发衬纸

7. 染发类工具和用品

染发类工具和用品有色板、调色碗（非金属器皿）、染发刷、专用围布、量杯、电子秤、搅拌器、工具车、锡纸、手套等，如图 8-27 所示。

8. 护发类工具和用品

护发类工具和用品有量杯、刷子、专用围布、调色碗、固发夹、保鲜膜等。

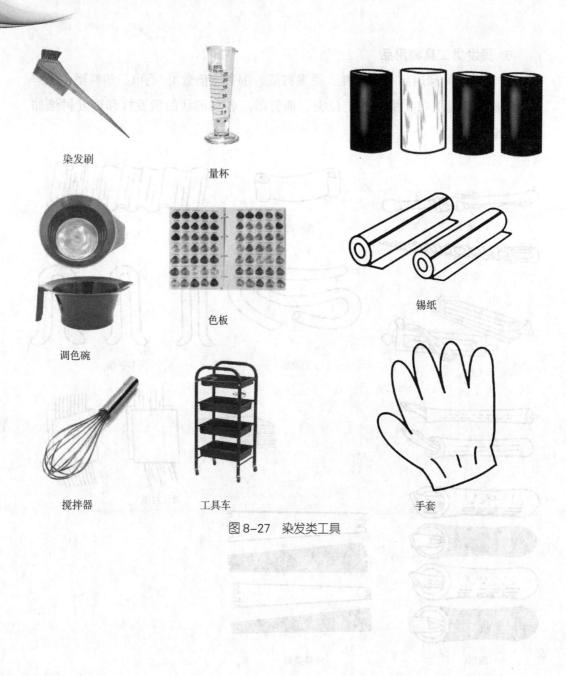

染发刷

量杯

调色碗

色板

锡纸

搅拌器

工具车

手套

图 8-27　染发类工具

培训项目 2

美发仪器

培训重点

熟悉美发仪器的种类、用途。
了解美发仪器的维护保养方法。

一、美发仪器简介

1. 美发仪器种类

美发仪器主要有烫发类仪器、染发与漂发类仪器、头发养护类仪器、烘发类仪器等。随着科技的发展，国内外新型美发仪器在不断涌现，使美发工艺与技术得到了提升。

2. 美发仪器用途

（1）烘发机。烘发机的工作原理同有声吹风机，是盘卷头发后套在上面吹干头发的美发仪器，主要用于烘干湿发，如图 8-28 所示。烘发机配合卷发筒加热固定的发片，冷却定型后可以塑造出优美的波浪造型。

烘发机有挂壁式和站立式两种。烘发机按结构的不同可分为封闭式、开启式、红外线式、电子控制式等多种。烘发机的前罩外壳可以翻开，方便头部的进出。烘发机一般装有开启开关、温度调节开关、时间控制开关，有些还装有自动控制按钮等。

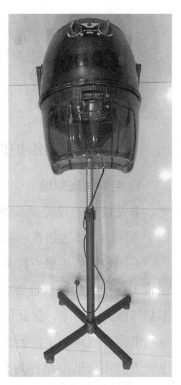

图 8-28 烘发机

（2）焗油机（见图8-29）。焗油机分为站立式和挂壁式两种。焗油机利用蒸汽、红外线等加热头发使头发膨胀。

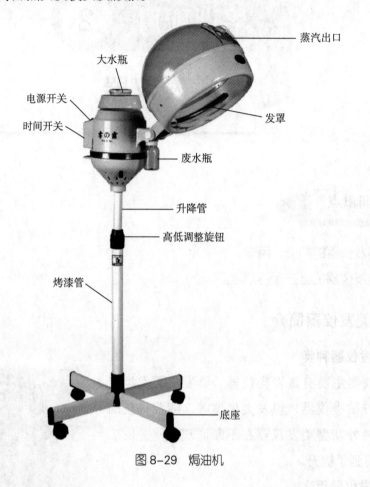

图8-29　焗油机

二、美发仪器维护保养

1. 电学基础知识

美发仪器的开关插头等电器都是电接触类器件，是通过机械力把两种或两种以上不同的导体连接在一起的。

不同导体的接触点称为触头。触头在通电的瞬间会产生火花，温度急剧上升。通常工作中使用的仪器要在插上电源后再打开开关，就是为了避免接触瞬间的高温烧坏插头、插座，保证仪器的使用安全。

电荷有规则的定向流动形成电流，习惯上规定正电荷移动的方向为电流方向。电流方向不变的电路称为直流电路。单位时间内通过导体任一横截面的电量叫电流（强度），用符号 I 表示。电流（强度）的单位是安培（A），大电流单位常用千安（kA）表示，小电流单位常用毫安（mA）、微安（μA）表示。

（1）电路。电流所经过的路径叫电路。电路一般由电源、负载和连接部分（导线、开关、熔断器）等组成。

（2）电源。电源是一种将非电能转换成电能的装置。

（3）负载。负载是取用电能的装置，即用电设备。

（4）连接部分。连接部分用来连接电源与负载，构成电流通路，输送、分配和控制电能。

2. 电磁系统的工作原理及组成

线圈通入电流，产生磁场，经铁芯、衔铁和气隙形成回路，产生电磁力，将衔铁吸向铁芯，如图 8-30 所示。

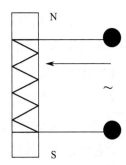

电磁系统由吸引线圈、铁芯（静铁芯）和衔铁（动铁芯）组成。美发仪器中的烘发机等的转动就是利用电磁转换原理产生转动的。

图 8-30 电磁系统的工作原理

3. 启动电器与熔断器的工作原理

启动电器利用控制开关接通电源而使仪器设备正常运转。

熔断器电流超过规定值一段时间后，其自身产生的热量使熔体熔化，从而使电路断开。熔断器广泛应用于高低压配电系统、控制系统及用电设备中，作为短路和过电流的保护器。

为了防止短路烧毁美发仪器，通常电路中都接有熔断器。

4. 美发仪器的维护保养

（1）烘发机的简易维修和排故

1）烘发机不能启动

①检查开关是否开启，烘发机是否通电。

②线圈接触不良时，查出故障点，重新焊接。

③定子绕组断路时，可调换新绕组。

④机头两端固丝太紧时，可适当拧松固丝。

⑤固丝太松引起定子与转子相擦时，可更换固丝。

⑥电容损坏时，必须调换同规格的电容。

2）烘发机时转时不转

①电源线折断、接触不良时，重新换线，确保电路畅通。

②连接线焊接不良时，检查焊接点，重新焊接。

③开关内部零件接触不良时，要修复开关或更换开关。

④主、辅绕组断路或碰线时，要接通电线或更换绕组。

⑤电容接触不良时，要重新焊接接线头。

3）烘发机运转时有杂声

①定子与转子平面不齐时，要对齐定子、转子平面。

②定子、转子空隙内有杂物时，要及时清除杂物。

③固丝松动或损坏时，要更换固丝。

④轴向移动大（前后伸缩）时，要适当加垫片调整轴向移动。

⑤风叶支头螺钉支得不紧时，要注意风叶位置，旋紧支头螺钉。

⑥风叶不平衡时，要校正或调换风叶。

4）烘发机外壳带电

①绝缘老化，导线与外壳相碰时，要重绕绕组。

②绕组烧坏时要更换。

③电热丝盘绝缘不良，与外壳相碰时，要卸下电热丝盘进行绝缘处理。

5）烘发机运转时震动

①风叶不平衡时，要校正风叶。

②风叶套筒与转轴公差大时，要镶套管或调换风叶。

（2）焗油机的维护保养

1）用水。焗油机要使用蒸馏水或矿泉水。

2）水瓶装水量。焗油机水瓶装水量要适当，不可过满，要控制在标准线以下，以免水沸后喷到顾客的颈部。

3）水瓶清洗。焗油机水瓶要保持清洁，每月应用除垢剂清洗一次。

🌸 思考题

1. 小号平剪的规格有哪些？

2. 烫发类工具和用品有哪些？

3. 美发仪器有哪几类？

4. 熔断器的工作原理是什么？

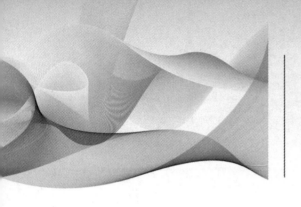

职业模块 ⑨

美发化学用品

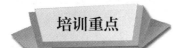

洗护用品

熟悉洗发用品的种类和用途。

熟悉护发用品的种类和用途。

一、洗发用品

1. 洗发用品的种类

每个人的发质不同，适用的洗发用品类型也不尽相同。

洗发用品包括洗发膏、洗发粉、洗发精（香波）、二合一洗发香波及各种营养型洗发用品。

根据发质的特点选择洗发用品，对头发的脆弱、干枯、无光等现象会有所改善。

另外，洗发用品还有去屑、保湿等功能，可根据需求选用。

2. 洗发用品的用途

使用洗发用品洗发时，头发及头皮中的污垢将洗发用品中的活性粒子包围起来，并与头发及头皮分开，分散在泡沫中顺水清除。洗发用品可去除头发和头皮中的污垢，清除代谢物（如头皮屑），促进血液循环，消除疲劳。在洗发时，洗发用品的润滑作用和手指对头皮的按摩，清除了污垢，促进了毛孔呼吸及血液循环。

二、护发用品

1. 护发用品的种类

护发用品可分为护发素、营养焗油膏等。

根据头发损伤的情况，选用护发用品对发丝进行调养，可使头发枯黄、易分叉、干燥、无光泽的现象得以缓解。

2. 护发用品的成分

（1）护发素。护发素的主要成分是表面活性剂、助表面活性剂、季铵盐等，使用后头发便于梳理。

（2）营养焗油膏。营养焗油膏的品种很多，其主要成分是营养调理剂等，如羊毛脂、橄榄油、硅油等。

3. 护发用品的用途

（1）护发素。护发素能保护头发的毛鳞片。使用护发素后，头发会更加光泽、顺滑、洁净。护发素也是一种补充营养剂。

（2）营养焗油膏。焗油机的蒸汽可使头发充分膨胀，利于吸收营养焗油膏中的营养成分，同时形成一层均匀的单分子膜。这层单分子膜会给头发带来一系列的好处：柔软、光泽、易于梳理、抗静电，并使头发的损伤在一定程度上得到修复。

培训项目 2

烫发剂

培训重点

熟悉烫发剂的种类。
熟悉烫发剂的性能和作用。

烫发用品通常分三剂包装：A 剂即烫发剂，用于分解软化头发；B 剂即定型剂（中和剂），用于中和定型；C 剂即护发剂，用于改善发质与增加光泽。

一、烫发剂的种类

1. 碱性烫发剂

碱性烫发剂的主要成分是硫代乙醇酸，pH 值在 9 以上，属抗拒性烫发剂，适用于较粗、较硬或从未烫染过的头发。

2. 微碱性烫发剂

微碱性烫发剂的主要成分是碳酸氢铵，pH 值为 7~8，属于普通烫发剂，适用于一般发质，应用较广。

3. 酸性烫发剂

酸性烫发剂的主要成分是碳酸铵，并含有胱氨酸，pH 值在 6 以下，接近头发正常的 pH 值。它对头发具有一定的保护作用，属于目前烫发剂中较好的种类。

二、烫发剂的性能

烫发剂通过物理和化学的反应过程，使头发变曲或变直。烫发剂的质量取决于其中氧化还原剂的含量，一般质量好的烫发剂中氧化还原剂的含量可达 50%，质量差的只有百分之几。使用烫发剂前，可以用 pH 试纸测试其酸碱度，轻嗅其气味，也可用几根头发进行试烫，卷曲 10 min 后看其效果。各种烫发剂的原理基本相同，卷发意味着毛发膨胀，而毛发膨胀源于外部给予的化学和物理作用，使头发张力部分解除，实现头发皮质层软化以适应外部给予头发的物理作用。

从化学角度来讲，软化意味着烫发剂渗透到头发内部，使头发中的分子分解和改变，从而达到持久性的卷曲。

三、烫发剂的作用

烫发过程中，烫发剂把头发表皮层分子结构打开，软化头发的表皮层，使头发膨胀。

烫发剂使用后，还要使用定型剂（中和剂）和护发剂。定型剂（中和剂）是一种酸性溶液，主要成分是钠、钾、溴酸盐、过氧化氢。过氧化氢具有脱色的弊端。定型剂（中和剂）的作用是重组和固定。定型（中和）作用一定时间，卷度达到理想状态时应立刻冲水，使头发的卷曲形态固定下来。

培训项目 ③

染发剂

培训重点

熟悉染发剂的种类和性能。

熟悉持久性染发剂的类型。

染发剂是给头发染色的一种化学用品，通过人工色素来改变头发颜色以达到目标发色。

一、染发剂的种类

1. 暂时性染发剂

暂时性染发剂的颗粒较大，不能通过表皮进入头发内部，只是沉淀在头发表面，形成着色覆盖层。

2. 非持久性染发剂

非持久性染发剂中，相对分子量较小的染料分子渗入头发表皮层，部分进入皮质层，使头发颜色改变。它比暂时性染发剂较耐洗发用品的清洗。非持久性染发剂涂于头发上，停留 20～30 min 后用水冲洗即可使头发上色。非持久性染发剂由于不需使用双氧乳而不会损伤头发，因此近年来较为流行。

3. 持久性染发剂

持久性染发剂能达到快速染发与不褪色的效果。

二、染发剂的性能

1. 暂时性染发剂

暂时性染发剂可溶于水或酒精。大多数的暂时性染发剂配合液体使用，只是一种表面附着物，不会进入头发内层，只需要用洗发用品清洗一次就可除去头发上着色的染发剂。

暂时性染发剂有膏状（彩色发蜡、发泥等）、粉状（造型后均匀地撒在全部或局部头发上）和喷雾型。暂时性染发剂的优点是可遮盖白发、增艳发色、纠正发色等。

暂时性染发剂的缺点是容易褪色、沾染衣物、不易染匀、空气潮湿时会有黏稠感等。

2. 非持久性染发剂

非持久性染发剂一般呈液状或膏状，无须与双氧乳混合，染后能令头发保持4~6周的染色效果。非持久性染发剂能从头发的表皮层渗入皮质层，但其中只有微量能与头发中的色素粒子结合，所以不会改变头发的基本结构。洗发4~6次以后，颜色就开始逐渐消退。

非持久性染发剂的优点是颜色自然，不会因褪色而沾染衣物，比暂时性染发剂更持久、色调更浓，不会使发质受损或降低头发光泽。

非持久性染发剂的缺点是一般情况下只能加深发色，较易产生色调不均匀。

3. 持久性染发剂

持久性染发剂使用后不会褪色，因此可用于遮盖白发和改变头发的色度及色调。持久性染发剂有膏状与液状两种，需要与氧化剂调配使用。

持久性染发剂的优点是色泽自然、不易褪色、颜色能均匀地分布于皮质层而与自然发色融为一体，头发颜色的深浅可根据顾客需要进行调配。

持久性染发剂的缺点是有些可能会导致过敏性皮炎、过敏性结膜炎等。

三、持久性染发剂的类型

持久性染发剂分为植物持久性染发剂、金属持久性染发剂和氧化持久性染发剂。

1. 植物持久性染发剂

植物持久性染发剂是用从植物的叶子或根茎中所提炼的原料加工而成的。植物中本身具有持久性染发的有效成分。

2. 金属持久性染发剂

金属持久性染发剂中含铝、铜、银离子，含铝离子的呈紫色，含铜离子的呈红色，含银离子的呈绿色。这些金属离子成分会在头发的表皮层形成一层薄膜。由于金属成分停留在发丝上，经过加热等处理会变形，因此会出现再次染发不上色的现象。如果染后烫发，会出现头发颜色变红、变粗糙、易断等现象。

3. 氧化持久性染发剂

氧化持久性染发剂渗透进入头发的皮质层后，发生氧化反应形成较大的分子，封闭在头发纤维内，使发色更加自然。

培训项目 ④

漂发用品

培训重点

熟悉漂发用品的种类和性能。

熟悉漂膏（乳）中过氧化氢含量与色度变化。

一、漂发用品的种类

1. 漂粉

漂粉中的漂色剂把头发原来的颜色漂浅。

2. 漂膏（乳）

漂膏（乳）中的漂色剂褪去头发中的黑色素，使黑色的头发变成红、黄、白等颜色；还可去除已染过头发的颜色，修正头发因染色操作失误而留下的色差；更可漂淡头发为染发做铺垫。

二、漂发用品的性能

1. 漂粉

漂粉中含有氨（阿摩尼亚），可使毛鳞片张开，便于漂色剂渗透入毛发组织，改变毛发原有的色素成分。

2. 漂膏（乳）

漂膏（乳）中含有过氧化氢（俗称双氧乳）。过氧化氢外观无色透明，是一种强氧化剂，能去除色素。过氧化氢可以软化头发的表皮层，渗透到皮质层中，消除头发中原来的黑色素颗粒，减少色度，使头发颜色变浅。这种改变一般要根据头发色素情况、过氧化氢含量、化学反应时间（停留在头发上的时间）等因素而定。

三、漂膏（乳）中过氧化氢含量与色度变化

漂膏（乳）中过氧化氢含量不同，对头发颜色的改变效果是不一样的。

1. 10 VOL（3% 过氧化氢含量）

10 VOL（3% 过氧化氢含量）的漂膏（乳）含氧量比较低，只适用于受损发质。一般情况下，建议不要参与漂色使用。

2. 20 VOL（6% 过氧化氢含量）

20 VOL（6% 过氧化氢含量）的漂膏（乳）可染浅 1~2 个色度，主要适用于由浅染深、白发染黑、同度染等。

3. 30 VOL（9% 过氧化氢含量）

30 VOL（9% 过氧化氢含量）的漂膏（乳）可染浅 2~3 个色度或漂浅 3~4 个色度。

4. 40 VOL（12% 过氧化氢含量）

40 VOL（12% 过氧化氢含量）的漂膏（乳）可染浅 3~4 个色度或漂浅 4~5 个色度。

培训项目 **5**

美发造型用品

培训重点

熟悉美发造型用品的种类。
熟悉美发造型用品的性能。

常用的美发造型用品有发雕露、啫喱水（膏）、定型胶（水）、摩丝、造型泥、发油（膏）等。

一、发雕露

发雕露赋予发丝丰富的线条感和发根支撑力，让头发变得蓬松。

发雕露是美发造型时常用的美发造型用品，主要特点是不伤发质，使头发自然无负担。发雕露采用水性配方，不含酒精成分，是一种保湿的柔性胶体，具有使头发乌黑亮丽、有光泽、抗静电、防止打结、易梳理造型等特点。

二、啫喱水（膏）

啫喱水主要由成膜剂、调理剂、稀释剂、其他添加剂等制成。不同啫喱水的黏度不同，使用量也有所不同。

啫喱水不像定型胶（水）、摩丝一样强劲定型，也不像定型胶（水）一般定型后不清洗的话很难变化造型。啫喱水主要起到保湿作用，定型效果不是很明显。

啫喱膏比啫喱水的定型效果强一些，特点与发雕露相似。啫喱膏也叫定型凝胶，外观为透明非流动性或半流动性凝胶体。啫喱膏是人们洗完头发后经常使用的美发造型用品。

三、定型胶（水）

定型胶（水）是美发师在制作发型时经常使用的美发造型用品。定型胶（水）使发型变得牢固不走形，主要由松香、酒精等制成，比较容易刺激头发。除了发型需要，一般在日常休闲生活中较少使用定型胶（水）。

四、摩丝

摩丝是胶水状的泡沫剂，有固发和护发两种类型。固发摩丝在制作发型时使用，使头发表面光泽，纹路清晰，容易造型。护发摩丝在洗完头发后使用，能使头发柔软、光泽、有弹性，形成一层薄薄的保护膜能锁住水分，起到保湿、健发的作用。

五、造型泥

造型泥是一种半凝固的膏状油性造型用品。造型泥具有易涂抹、对头皮无刺激、不损伤头发、软硬适宜、造型效果自然等特点，同时在头发上形成一层保护膜，特别适用于假发头模造型和发型定型。

六、发油（膏）

发油（膏）是一种液状或膏状美发造型用品，含有头发所需要的矿物质，能使头发表面产生光泽，可起到改善头发枯燥、无光泽的效果。

思考题

1. 如何选择洗发用品?
2. 护发用品如何分类?
3. 烫发剂如何分类?
4. 染发剂如何分类?
5. 美发造型用品如何分类?

职业模块 ⑩

色彩基础知识

培训项目 1

色彩的构成及功能

培训重点

了解色彩与光、视觉、物体之间的关系。

熟悉色彩的分类与功能。

色彩并不是物体本身固有的，而是物体吸收和反射光波的结果。由于不同的物体对光的吸收和反射不同，物体所呈现的颜色各不相同。英国物理学家牛顿把太阳光透过小孔引进暗室，通过三棱镜折射出七色光，发现太阳光由红、橙、黄、绿、青、蓝、紫 7 种光波组成。后来，人们发现雨后彩虹就是由天空中无数个小水珠像许许多多的小三棱镜折射太阳光所形成的。由三棱镜分解出来的色光，如果用光度计测定，可以得出各色光的波长。光具有波粒二象性，色彩就是波长不同的光形成的。色彩实际上是不同波长的光射入眼睛的视觉反映。

日常生活中，色彩是最常见的，大自然每天赋予人们享受色彩的视觉效果，蓝天、白云、山川、河流、四季植物变化的色彩，以及天上飞的鸟类、地上跑的动物颜色等和谐地衬托着大自然的美丽。色彩涉及人们的衣、食、住、行、工作、学习、日常生活的各个方面，合理应用色彩有助于调节人的情绪。

一、色彩与光

从科学的角度来看，色就是光，光就是色，没有光人们就看不见颜色，或者说颜色就不能被人们看见。自然光和人造光影响着人们观看和感知色彩的方式。当太阳光照射在物体上时，这种复色光中的 7 种色光成分被物体吸收或被物体反射，反射出来的色光传播到眼睛时，人就感觉到颜色了。牛顿发现光的三原色是红、蓝、绿，将光学三原色等量叠加在一起就产生白光，光束投射到物体上，物体会吸收一部分波长的光并反射其他波长的光，使人们能看见色。如果太阳光照在红色物体表面，由于红色物体吸收了阳光中的橙、黄、绿、青、蓝、紫各色光而只反射红光，所以物体呈红色；如果太阳光照射在某种不透明的物体表面，该物体把7种色光全部反射出来，这个物体表面便是白色；又如一块黑丝绒，因为它把白光中7种色光成分全部吸收了，所以呈黑色。因此，物体的色彩是由该物体表面所反射出来的色光所决定的。

二、色彩与视觉

色彩会使人产生冷暖、轻重、软硬、强弱、喜恶等联想效应，引起人情感的兴奋、压抑等变化。选择合适的色彩搭配可以使人们的工作效率提高，视觉伤害减少，并且能使观者感到全身放松。

各种颜色由冷到暖的顺序是白、蓝、黑、紫、绿、黄、橙、红。冷色能降低人的心理温度，冷色暗淡深重使人沉静。暖色可提高人的心理温度，暖色明快鲜亮使人兴奋。色彩可以触发人联想其他相关事物，具有象征意义。一般情况下，红色使人感到热烈、振奋、充沛、喜庆、吉祥；黄色表现光辉、壮丽；绿色表现自然、充满生机，使人感到新鲜、和平、安全、宁静；棕色表现坚毅、柔和、宁静，也会使人沉闷、压抑、不安；紫色象征高贵、庄重，也使人激动、不安；白色象征纯洁、和平、神圣；黑色表现庄重、肃穆、坚硬、有力。但色彩的联想效应因民族风俗习惯和个人生活实践的不同而各不相同。

人的头发颜色由深变浅、变灰、变白，象征着老化、衰弱。任何颜色都是通过光的作用使人感知的，所以色彩也具有不同程度的光泽，即光泽度。光泽具有物质性，一定的物质条件形成一定的光泽度作用于人的视觉。因此，色彩阴暗使人感到沉重，色彩淡雅明亮使人感到轻盈。

三、色彩与物体

人能看到物体是因为光照射在物体上，而物体又对光进行了反射，眼睛接收到这些光线，得以分辨出物体。没有光就看不见物体的轮廓和形状，也显示不出立体感。有光的情况下，人们能轻易地看到物体呈现的各种颜色，如红色的花朵、绿色的叶子、黄色的沙子、红色的砖墙等。

色彩与物体形象特征随着空间距离的增大而发生变化，色彩随着空间距离的增大而逐渐削弱，这就是空间透视变化的基本规律。

四、色彩的分类和功能

色彩的功能是指色彩对于视觉和心理的作用，研究色彩的目的在于应用。因此，在形象塑造上，要充分发挥色彩对于眼睛的刺激作用和对心理及感情的影响作用，恰当地运用色彩表现一定的内容、气氛和感情，使外在形象与内在特质相统一，发挥色彩的装饰美化、表达情感和象征意义的功能。

1. 红色

红色是可见光中长波末端的颜色，是光的三原色和心理原色之一。

在可见光中，红色光波最长，引人注意，能刺激和兴奋神经系统。红色光波在视网膜上成像位置深，使视觉有迫近感、扩张感，因此红色被称为前进色。红色代表着吉祥、喜庆、欢乐、热烈、奔放、激情、斗志、革命、忠诚、直率、坦荡，给人一种健康、热情、艳丽、温暖感，被称为暖色。植物、水果、蔬菜等成熟后有的呈红色，会给人成熟甜美的印象。接触红色过多时，会产生焦虑、紧张、烦躁等情绪，使易于疲劳者感到筋疲力尽。

2. 橙色

橙色是可见光部分中的长波，是介于红色和黄色之间的间色，又称为橘黄色或橘色。

橙色是欢快活泼的色彩，是暖色系中最温暖的色，给人一种饱满、满足、愉悦、兴奋、温暖、欢乐、明亮、辉煌、活力、华丽、健康的感觉。自然界中，橙子、玉米、鲜花、果实、霞光、太阳等，有着丰富的橙色。橙色惹人注目，是女性喜欢用的装饰色，也是常用于野外工作服的颜色。橙色能使人兴奋，刺激人的食欲。在空气中，橙色穿透力次于红色，常用作信号标志。

3. 黄色

红、绿色光混合可产生黄光。

黄色光感最强，可刺激神经和消化系统，加强逻辑思维。黄色给人一种明朗、活跃、光明、辉煌、轻快、柔和、纯净的感觉。黄色也是古代帝王的代表色，显示着一种威严和权贵。黄色非常醒目，被人们视为安全色。

4. 绿色

绿色光的波长居中，人的眼睛最适应绿色光的作用。绿色使人感到安详，有益消化，能促进身体平衡，并能起到降低血压、安神养目、保护视力、镇静的作用，对好动或身心受压抑者有益。绿色充满希望、活力、青春、和平的气息，自然的绿色对晕厥、疲劳与消极情绪均有一定的缓解作用。

5. 蓝色

蓝色是三种原色光中波长最短的。

蓝色的环境使人感到幽雅宁静。蓝色使人联想到天空、海洋、冰雪、严寒，蓝色有深远、纯洁、透明的感觉。蓝色能使人平静，调整体内平衡。在室内使用蓝色，可消除紧张情绪。

6. 紫色

紫色由温暖的红色和冷静的蓝色合成。

紫色光波长最短。紫色给人高贵、华丽、神秘的感觉，也给人低俗、不安、忧郁、痛苦的印象。

7. 白色

白色是纯洁、神圣的象征。白色散发着不容妥协、难以侵犯的气韵。

白色表示明亮、干净、卫生、畅快、朴素、轻快、坦率，也给人一种悲哀、恐怖的感觉。现代社会把白色服装视为高品位的审美象征。白色属于无彩度色。

8. 黑色

黑色就是没有任何可见光进入视觉范围，所有的色光都被吸收。

黑色会给人一种严肃、庄重、力量坚定的感觉，也会使人产生忧伤、悲痛、绝望、阴森的感觉。黑色是宇宙的底色，代表安宁，也是一切的归宿。黑色属于无彩度色。

9. 灰色

灰色是介于黑和白之间的一系列颜色，可以大致分为深灰色和浅灰色。

灰色比白色深些，比黑色浅些，比银色暗淡，比红色冷寂。灰色能给人以高雅、精致、含蓄、耐人寻味的印象。

调配色彩的基本常识

培训重点

了解三原色的概念。

了解邻近色的概念。

了解相对色（补色）的概念。

一、三原色

三原色指色彩中不能再分解的三种基本颜色，即任意一色都不能由另外两种原色混合产生，其他颜色可由三原色按照一定的比例混合出来。黑、白、灰属于无色系。光学中的三原色和颜料（或染料）中的三原色是截然不同的，光学中的三原色是指红、绿、蓝三色，颜料（或染料）中的三原色是指红、黄、蓝三色。

二、邻近色

色相环中相距60°的两种颜色称为邻近色。邻近色之间往往是你中有我，我中有你，如朱红与橘黄，朱红以红为主，里面有少量黄色，橘黄以黄为主，里面有少许红色，虽然它们在色相上有很大差别，但在视觉上却比较接近。邻近色一般有两个范围，绿、蓝、紫的邻近色大多数都是在冷色范围内，红、黄、橙的邻近色大多数都是在暖色范围内。

三、相对色（补色）

相对色是指两种颜色之间存在互补关系（对比关系），当对比的两色具有相同的彩度和明度时，对比的效果较明显。例如，绿色是由黄色与蓝色两原色调配出来的，红色是绿色的补色；橙色是由红色与黄色两原色调配出来的，蓝色是橙色的补色。

培训项目 **3**

色调的选择

培训重点

熟悉色调的概念。

熟悉色调选择的方法。

熟悉色板与染膏颜色代码。

一、色调

色调是色与色之间的整体关系构成的颜色阶调，是在一定范围内几种色彩所形成的总的色彩效果。色调的形成是色相、明度、纯度、色性以及色块面积等多种因素综合的结果。其中某种因素起主导作用，会使不同颜色的物体都带有同一色彩倾向。

1. 色相

色相是各类色彩相貌的称谓。色相是色彩的首要特征，是区别各种不同色彩的标准。色相由原色、间色和复色构成，自然界中各个不同的色相是无限丰富的。

2. 明度

色彩的明度是指色彩由深到浅的程度。颜色中加入白色或加入黑色后颜色明度会发生变化。不同色相之间也存在明度差异，如白比黄亮、黄比橙亮、橙比红亮、红比紫亮、紫比黑亮。

3. 纯度

纯度是指色彩的纯净程度。同一色相的色彩，不掺杂白色或者黑色的称为纯色。纯度最高的色彩就是原色，随着纯度的降低，色彩就会变得暗淡。每种色彩根据其含有灰色的程度来区分纯度，灰色越浅纯度越高，灰色越深纯度越低。

4. 色性

色性是指色彩的冷暖属性，主要指色彩在色相上呈现出来的总印象。青、绿、蓝一类色彩称为冷色，如冰、雪、海洋、蓝天给人带来寒冷的心理感受。橙、红、黄一类色彩称为暖色，如阳光、火、夏天给人带来温热的心理效应。

二、色调选择的方法

色调不仅是艺术作品色彩统一的重要因素，同时也是艺术家思想情感的表现手法，任何艺术作品都应有独特的色调。在发型创作中，要依据发型所要表现的主题思想和情感内容、人物的性格特点和心境，以及环境气氛等选择富有表现力的色调。和谐的色彩使人有积极、明朗、轻松、愉快的感觉，不和谐的色彩会使人感到消极、抑郁、沉重、疲劳。色调选择合理具有引发人的心理联想、烘托气氛的作用。

1. 环境色（条件色）

环境色是指物体周围环境对物体所反射的光。在白色石膏像的背光部附近放一块红布时，石膏像靠近红布的一边便会接受红布的反光而带红灰色倾向；如果把红布换成绿布，石膏像的这一边又变成绿灰色倾向。这种在一定环境和条件下产生变化的色彩，叫作环境色或条件色。

2. 固有色

固有色即物体本身所呈现的固有色彩。固有色对色调起重要作用。物体呈现固有色最明显的地方是受光面与背光面之间的部分，也就是素描调子中的灰部，也称为半调子或中间色彩。例如，春天大地复苏，呈现一片嫩绿的色调；秋天是一片迷人的金黄色调。这些色调的变化，主要取决于物体本身固有色的变化。

3. 高调与低调

高调与低调主要是指色调中颜色的明度和亮度的对比。在对一幅画进行色调构思时，同样用绿色调可以有高调和低调之分。用高调色彩绘画，色彩亮度高，色彩之间的明度对比弱（明暗反差小），画面就清爽、高雅、明快；而用低调色彩绘画，用色浓重、浑厚，色彩的明度对比强烈，画面色彩显得深沉、结实。

美发师掌握了以上这些色彩原理和规律后，可以根据顾客的要求和美发师的个性来控制颜色明度和亮度的比例，以丰富多彩的头发颜色美化人们的生活，帮助人们实现追求美的梦想。

三、色板与染膏颜色代码

1. 基色

基色也称为第一次色或原色。基色是没有添加任何色调的天然色，是用于调配其他色彩的基本色。基色纯度最高、最纯净、最鲜艳，可以遮盖白发。

2. 时尚色

时尚色是指添加了不同色调的色膏，不能遮盖白发。

3. 工具色

工具色用于加强和调整不理想的颜色，用来增加或减少颜色的深浅度。工具色不建议单独使用。

4. 染膏颜色代码

染膏颜色在标号中有用英文字母、阿拉伯数字表示的，见表 10-1。

表 10-1　染膏颜色代码

颜色代码	说明
N	自然基色，可作为理想的灰白发覆盖色
0、000、1000、2000	褪色膏、显色膏、提色膏、增亮剂，不建议单独使用
1、A、C	灰色系，带蓝色或绿色
2、V	紫色、紫红色（有些厂家是咖啡色、棕色）
3、G、D、DI	黄色、金色、亚麻色
4、43、RT、RI	橘色、铜色
5、VM、VR、RM、RV	紫红色、枣红色（有的厂家是红色）
6、R	红色（有些厂家是棕黄色、咖啡色）
7、B、T、ND	棕色、咖啡色、褐色（有些厂家是紫色、紫红色）
8	有些用在加强色中，但不同厂家有不同的解释
9	银色、加强绿色（不同厂家有不同的解释）

思考题

1. 简述色彩与光的关系。
2. 简述红色的功能。
3. 简述白色和黑色的功能。
4. 简述相对色的概念。
5. 简述高调与低调的概念。

职业模块 ⑪

发型素描知识

培训项目　①

素描常识

培训重点

熟悉素描的概念、方法、主要工具用品和功能。

了解素描绘画的基本要求。

一、素描的概念

素描是一种用单色或少量色彩描绘生活中所见真实事物或感受的绘画形式。素描是中国绘画的主要表现形式之一，也是造型艺术的基础，是简便、易入门的表现手法。素描训练可以帮助人们获得物体呈现的表象感知，还可以获得内在构造、空间转换、透视规律、明暗变化等方面的强烈感受。素描是认识事物、提高视觉审美能力的重要途径。

二、素描的方法

1. 线画法

线条是点运动的延续，是连接起点和终点的线。任何一幅素描都是由无数的线条组合而成的。辅助线是指在形体塑造过程中所借助的假设线。素描在描绘对象时，只用单纯、简练、扼要的线条把对象表现出来，它是中国绘画的一种表现形式。线条在表现形状、结构、体面转折、立体、空间等方面具有很强的艺术表现力和重要的审美价值。

2. 明暗法

用明暗法表现物体在逐渐变化过程中所达到的视觉效果，是素描训练中明暗色调的基本造型手法。明暗法能使光与影在三维空间中实现互动，光照下物体整体气氛活跃，体积感、空间感、质量感等层次分明、强烈、丰富。明暗法可以塑造整体感和真实感。

3. 线面结合法

线面结合法既有线画法的优美，也有明暗法的表现，它既强调物体丰富的明暗变化，又注重物体严谨的结构关系。

三、素描的主要工具用品

1. 铅笔

铅笔是素描绘画的必需品。常用的铅笔有 HB、2B、4B、6B、8B 各种型号，还可以备上 H、2H、B、3B、5B 等型号的铅笔。

2. 素描纸

素描纸质量要根据绘画的要求而定。

3. 橡皮擦

橡皮擦可按需求选择。

4. 画板

选择轻便、大小适中的画板。

5. 画架

根据需求进行选择，建议使用伸缩的。

四、发型素描的功能

发型素描可以直观地将设计的发型展现在顾客面前，以便在相互认可的情况下进行发型制作。美发师的设计理念、指导思想、要达到的效果可以通过素描呈现给顾客。素描可以提升美发师的美感涵养，培养美发师丰富的观察力、表现力、创造力。发型素描要做到发型轮廓正确、构图完整、明暗立体层次与强弱变化合适，空间处理与细节处理完美。发型素描可以避免盲目操作，还可避免美发师操作后的发型得不到顾客的认可，节约了时间，提升了效率，有利于提升美发师在美发市场的竞争力。

1. 表达直观

要成为专业美发师，能剪、能说、能画、能做、了解顾客的心理需求是必备条件。

美发师和顾客要建立良好的合作关系，要把顾客所需要的发型设计出来，让顾客了解最终的效果，通常是通过展示发型书、海报或口头描述来实现的。如果借助简易的发型素描效果图，将发型的核心内容、形状等表现出来，顾客就可以更加直观地看到效果。

顾客来自于社会的各个群体，对美的追求、文化素养、职业等不同因素，都会影响顾客对发型美的需求。消费者对美的定义各不相同，即便是经验丰富、技术高超的美发师，做出来的发型也不一定能被每位消费者接受。借助发型素描效果图，可快速而又直观地让顾客看到发型效果，以顾客所接受的效果图为依据，美发师进行技术发挥，制作出顾客满意的发型，可以赢得顾客的认可，超越竞争对手。

2. 沟通方便

美发师与顾客在发型效果上离不开相互沟通，沟通的目的是为了达成共识。但有部分美发师不知道如何把自己的设计理念、发型的最终效果呈现给顾客，造成美发师与顾客之间的不理解和无效沟通。如果美发师把自己的设计理念和顾客的脸型、头型、发质等相结合，运用素描技巧为顾客量身定制发型效果图，依据效果图进行发型制作，这种直观性的沟通，顾客一定会愿意接受。

发型素描只是简单描绘，无须细部刻画，能在较短的时间内达成共识与展现效果。美发师可以边作画边与顾客沟通，告诉顾客其设计思路和制作效果。

3. 宣传效应

完成发型素描效果图后，将自己的名字签上，赠送给顾客可以作为留念。顾客的发型和素描效果图会感染其身边的朋友和家人，达到活广告的宣传效果。美发师也可以把自己绘制的发型素描效果图张贴在店堂内给顾客作为造型设计参考资料。

4. 提升艺术与技术价值

发型设计是一门艺术，艺术的表现手法可以通过发型素描来展现。美发师除了有专业技术以外，还要不断学习，不断进步，学习发型设计相关的人体造型艺术、色彩艺术。素描可以画出简易的发型轮廓，还可以把设计者的设计理念、制作过程进一步结合，提升美发师的艺术与技术价值。

五、素描绘画的基本要求

1. 握笔的姿势

写字握笔姿势（见图 11-1）只在描绘较小的画面或刻画细部时使用，不利于控制大画面的整体感觉。

素描握笔姿势（见图 11-2）可以灵活自如地发挥手腕的作用，舒展地画出各种富有表现力的线和面。

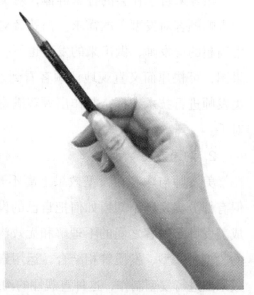

图 11-1　写字握笔姿式　　　　　　　图 11-2　素描握笔姿势

2. 观察能力

素描要求培养整体的观察能力，做到纵观全局，要通过长期反复实践，捕捉物体的各种信息，如长、宽、高三维空间及整体形状，不断提高观察能力。

3. 分析能力

善于分析物体的结构特征，把新鲜的视觉感受与分析研究对象结合起来，把握结构关系、比例关系、黑白关系、面和线的关系，根据每个对象具体情况进行描绘。

4. 感悟能力

感受物体形态变化，发挥想象力，掌握三维空间的形态变化规律。

5. 表现能力

在作画实践中，描绘活动同时也是表现活动，熟练地运用表现技法，把所知所感的事物生动体现出来，让眼中、脑中、手中的同一个事物统一起来。

培训项目 **2**

素描线条知识

了解线条的运用原理和表现手法。

了解明暗调子的形成原理。

一、线条的运用原理

在素描绘画中，线条是一种明确的富有表现力的造型手段，能直接、概括地勾画出对象的形体特征和结构，具有丰富的表现力和形式美感。线条运用的手法较多，但归纳起来有两种：一种是单线描绘物体（结构素描），如中国画中的白描、速写；另一种是用线涂色，如用竖线、横线、斜线、曲线等。线即是面，面即是线，线就是极窄的面，面就是展宽的线。在素描训练中，要通过对线条的探索，逐渐认识线条在绘画中的作用，并通过线条创造美的造型。

二、线条的表现手法

1. 点

点是线与线的交汇处，这是点的理性化构成方式。

2. 线

线是面与面的交接处，是点运动的轨迹，又是面运动的起点。线有明暗交界线、轮廓线等。

3. 面

扩大的点形成面，一根封闭的线构成了面。素描中的面是指基本体块的表层，由多条线组合在一起形成。

点、线、面是几何学里的概念，是平面空间的基本元素，三者之间互相牵连、互相带动、互相渗透，线中有点，面中有线，面强调形状和面积，如图 11-3、图 11-4 所示。

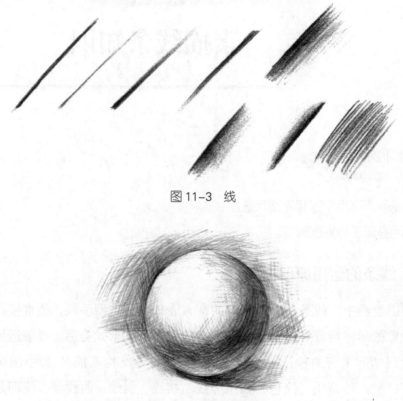

图 11-3　线

图 11-4　形状和面积

三、明暗调子的形成原理

明暗是表现物体立体感、空间感的有力手段，对真实地表现物体具有重要的作用。明暗现象的产生是光线作用于物体的反映，建立在光学的基础上，没有光就不能产生明暗。明暗现象的产生是物体受光线照射的结果。由于物体结构的各种起伏变化，明暗层次规律性地变化，归纳起来称为明暗五调子，即亮部、灰部、明暗交界线、反光、投影。其中，亮部和灰部属于物体的受光部，明暗交界线、反光、投影属于物体的背光部。它们构成物体的明暗两大关系。

1. 亮部

亮部是物体受到光线直射或接近直射的地方。

2. 灰部

灰部是物体受光线折射的部分，受光较弱，也称为中间色。

3. 明暗交界线

明暗交界线是物体受光与背光的交界地带。

4. 反光

物体的背光部分由于接受邻近受光体的影响而产生了反光。

5. 投影

投影是一个物体在其他物体上投下的影子。

培训项目 **3**

发型素描

培训重点

了解面部五官的定位方法。

熟悉发型描绘要点。

对于美发师来说，对人物头部和发型要深刻了解并尽力研究。发型素描与专业美术素描是不完全一样的，美发师应将发型素描视为美发设计效果图。

作为设计效果图，它的作用在于绘画者（美发师）向他人展示清晰、醒目、明确而美观的发型效果，让行家可以评判，让顾客可以欣赏。因此，发型素描需严格、干净、准确、细腻，体现应有的发型设计效果。

发型素描绘画分为两大步骤：一是对面部的刻画，二是对头发的描绘。

一、面部五官定位（包括正面脸与侧面脸的五官定位）

准确生动地画好面部五官，不仅要熟悉其基本结构和特征，更重要的是了解面部五官变化的相互关系，以及五官周围肌肉的变化和相互关系。

中国古代画论中有"三庭五眼"的说法，说的是人的面部正面观的纵向和横向比例关系。"三庭"是指将面部正面横向三等分，即从发际线到眉线为一庭，从眉线到鼻底为一庭，鼻底以下为一庭。"五眼"是指将面部正面纵向五等分，一个眼长为一等份，两眼之间的距离为一个眼长，从外眼角垂线到外耳垂线之间为一个眼长，整个面部正面纵向分为五个眼长的距离。理想的人物脸型"瓜子脸"完全符合"三庭五眼"的比例。

1. 画出三庭

正脸：运用"三庭五眼"法则进行划分。画三庭步骤如图 11-5 所示。

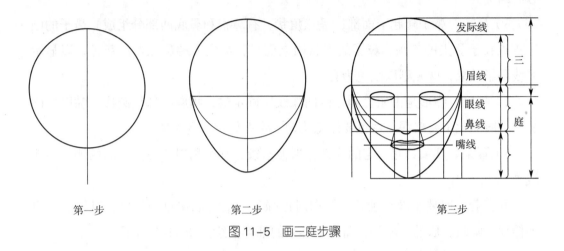

第一步　　　　　　　　第二步　　　　　　　　第三步

图 11-5　画三庭步骤

先画一个正圆，再画中心的垂线（向下延长）；在延长线上截点；从圆两侧连线到截点画弧线（向外的弧线）；画出最上至最下（截点）的中点线（横线），并垂直于竖线；最后形成三庭。图中的中心横线是眼睛连线，眼睛稍向上为眉线，眉线与最下截点下颌线的中心线是鼻线，以眉线至鼻线的长度为准，从眉线向上再找出一个相等的距离作为发际线。

三庭是发际线、眉线、鼻线、下颌线这三段，这三段距离都相等，嘴线在鼻线至下颌线的 1/3 处。

2. 画出五眼比例

五眼是指在眼线上五等分，每一等份相当于一个眼睛的宽度。鼻子的宽度稍大于两眼间的距离。需要注意的是，眼睛、鼻子、嘴要以中心线为轴左右对称。画五眼步骤如图 11-6 所示。

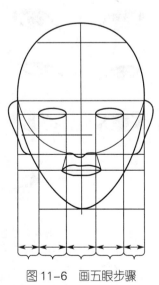

3. 头面部素描

（1）细部画法：眼睛、眉毛、鼻子、嘴巴、耳朵。

1）眼睛。瞳孔、角膜、眼角组成眼球嵌在眼窝里，上、下眼睑包裹在眼球外，上、下眼睑的边缘长有睫毛，呈放射状。上眼睑睫毛较粗、较长、向上翘，下眼睑睫毛细而短并向下弯。眼睛着色应体现出深色。

图 11-6　画五眼步骤

2）眉毛。眉头起自眼眶上缘内角，向外延展，越眶而过成为眉梢，外侧呈弧形轻柔弯曲。眉毛的画法是由里向外的 1/3 处作为眉的转向点，画出眉丝（按生长方向画）。

3）鼻子。鼻子隆起于面部，呈三角状，有鼻根和鼻底两部分组成。鼻子的画法重点在于鼻尖的刻画，鼻子的形状因人而异，鼻尖下端鼻孔着深灰色，以显示光线阴影效果，两侧则以浅色为宜。

4）嘴巴。嘴形是由颅骨和牙齿的弧线所确定的，嘴唇外部呈圆形。嘴巴的画法是上唇应比下唇略深，着色要注意均匀，掌握好深浅的过渡。

5）耳朵。耳朵具有一定的弹性，形似水饺，耳朵稍斜长在头部的两侧，用弧线画。

五官着色时要干净、细致、黑白对比强烈，要考虑化妆的效果，以使五官更加传神。眼睛、眉毛、鼻子、嘴巴、耳朵的细部描绘如图 11-7 所示。

人的头部结构较复杂，头部骨骼是头部造型的本质所在。头骨有几个突出的骨点，这些骨点通过面部肌肉显示出来。眉、眼、鼻、嘴处在一个平面上，耳朵是长在侧面的。

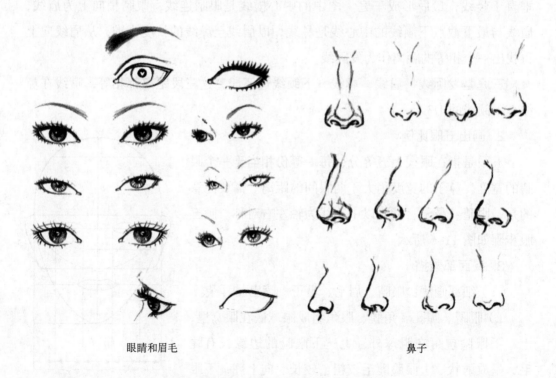

眼睛和眉毛   鼻子

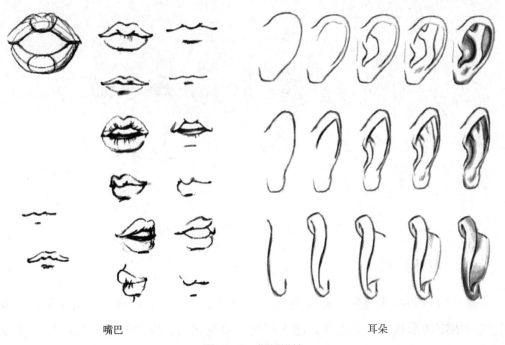

嘴巴　　　　　　　　　　　　　　　　　　耳朵

图 11-7　细部描绘

（2）头、脸、五官正面绘画步骤如图 11-8 所示。

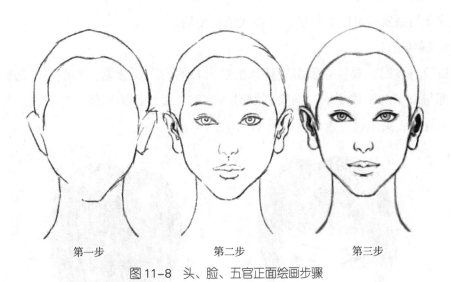

第一步　　　　　　　　　第二步　　　　　　　　　第三步

图 11-8　头、脸、五官正面绘画步骤

（3）头、脸、五官侧面绘画步骤如图 11-9 所示。

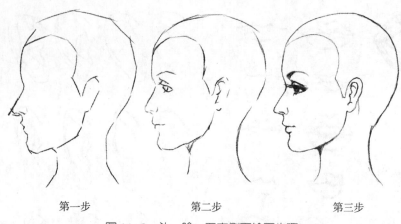

第一步　　　　　　第二步　　　　　　第三步

图 11-9　头、脸、五官侧面绘画步骤

二、发型描绘

发丝可以归纳为直发、曲发两大类，两者的画法有共同点，也有不同点。发丝没有固定的形状，它的形状是随发型变化而变化的，发丝走向（流向）、头发层次、发型形状等都可以通过素描描绘技巧灵活表现出来。

发型描绘要先定型。所谓定型，是指在画好的头面部上面勾画发型的轮廓，然后用擦涂法分出深浅前后，再用不同的笔画出发丝（流向）、发型形状。绘画时，擦涂与画发丝可以反复进行，多次结合使用。

1. 描绘直发

描绘直发时，要注意发型完整，描绘出自然的直发感觉，发型的外轮廓要符合头部与发型的整体要求。描绘直发时，分组、发片擦涂出线条的层次，勾画出发丝的流向，突出直发效果，如图 11-10 所示。

图 11-10　描绘直发

2. 描绘曲发

描绘曲发时，首先要对卷曲发型外轮廓的形态、卷曲度、纹理、结构形式及边线形状有所了解，然后进行有步骤的描绘，把卷曲发型的头发弧度、层次、流向、纹理特点描绘出来，使卷曲发型有立体感和空间通透感，如图 11-11 所示。

图 11-11　描绘曲发

总之，画好一张发型效果图仅凭简单的素描知识和一般的描绘方法是远远不够的，平时要善于思考、分析、研究、练习、实践，提高发型素描技能。绘制美观的发型效果图也是一名优秀美发师所应具备的素质。

三、发型素描注意事项

美发师要把握好整个发型设计中的主次关系。发型素描绘画主要是表现发型的外轮廓、发型结构、发丝走向。发型素描绘画时，难度最高的是画头发丝，它不像面部那样具有明显的结构，也不像五官那样细节明显，头发在头部占的面积很大，涉及人像很大一段轮廓，难以辨别哪里是刻画的重点。

1. 头发应该体现头部的主要特征

顾客不管是哪种发式，都要体现头部的主要特征。头发螺旋形自然生长在头部，头部与脸部是一个整体，同样有明暗交界线、反光、暗部和亮部。人的头发表面很光滑，会出现高光，这些高光都是由一根根发丝集合而成的，表现时要注意它与一般的高光形式不同。

2. 要注意头发外轮廓的变化

头发外轮廓的变化影响着发式的变化，主要利用素描的虚实手段来处理。简单的发式，外轮廓的变化也简单，反之则复杂。把握好外轮廓的变化与头发色调的变化很重要。

3. 要注意处理头发与脸部的衔接

头发生长的边缘线连接着脸部，素描绘画外轮廓时要过渡好，比如鬓角部分的过渡。发际部分具有一定的厚度，这种厚度会给额头造成投影。头发与脸部的衔接在素描绘画中非常重要。

4. 发型反映人物性别、性格与爱好

发型的变化样式众多，无论何种发型，表现时都要注意头发的组织结构、形态特征。发型不但可以反映人物性别，还能表现人物性格与爱好。

5. 多角度体现发型效果

可以通过正视图、侧视图、俯视图等多角度的发型素描来体现发型效果，全面反映发型的结构、形态、纹理等。

思考题

1. 发型素描的功能有哪些？
2. 线条表现手法有哪些？
3. "三庭五眼"具体表示什么？
4. 简述眼睛、眉毛、鼻子的描绘要点。
5. 发型素描的注意事项有哪些？

职业模块 ⑫

发型美学基本概念

培训项目　①

发型美的本质和特征

熟悉发型美的本质。

了解发型美的特征。

一、发型美的本质

发型美是通过美的形式表现出来的，时代的变化影响着人们对发型美的认知。发型的形式美一定要适应社会与人们的生活，符合时代气息。在制作发型过程中要善于变化，把身边的各种生活元素体现在发型美的效果上。美发师应遵循美的规律进行发型设计和制作，塑造符合美的本质和规律的发型，体现美发师的技艺和发型美的内涵。美发师只有在生活中不断实践、不断研究、不断创新才能实现发型美。

1. 美的和谐

两个以上的物体同时在一起运用，相互协调，称之为和谐。在发型设计制作中，主要表现为线条和块面的和谐、脸型和发型的和谐、发型和身材的和谐等。

2. 美的比例

喜欢比例得当的感觉是人的本能感观，良好的比例关系是实现造型形式美的基础。人的形体比例表现为整体与局部、局部与局部的比例关系。在发型设计制作过程中要遵循比例的规律，依托这一规律实现美的比例。例如，发型高与低的比例，长与短的比例，发型横向幅度与脸型的比例，发型纵向长度与身材的比例，发型轮廓的大小与头、脸、肩的比例等，这些比例关系都是制作发型的重要环节。人和物体的自身都存在一定的比例关系，只要比例适当，就会给人以美的感觉，比例处理是形体处理的基本技术，是任何艺术作品结构的基础。发式造型是艺术与技术的结合，是为了加强艺术表现力。

3. 美的对称

平衡有两种基本形式，即对称的平衡——对称，不对称的平衡——均衡。

对称的事物能给人一种"安静"的严肃感，蕴含着平衡、稳定之美。假设中心线或中心点，在其左右、上下、周围配置同形、同量、同色纹样的图案称为绝对对称。如在对称轴的两边形成量同形不同（或色不同）的图案，称为相对对称。如果对称轴的两边是量同、形同而方向颠倒的图案，称为逆对称。

图形或物体对某个点、直线或平面而言，在大小、形状和排列上具有平稳、对应关系叫对称，给人以整齐严肃、有条不紊的视觉感受。对称是以对称轴线表现出来的。例如，人的两个胳膊、两条腿、两只眼睛，其外观都是对称的，人们都把对称看作是美的。在创造发型的过程中，对称起着不可低估的作用。发式造型中，对称轴即鼻梁中心线，如中分头路的发型，两侧长度相同、左右高低起伏一致，这就是对称的运用。对称在发型设计时也会有一定的局限性，制约着美发师设计发型时的理念创新与发型变化。

4. 美的均衡

均衡是以支点表现出来的，即两个或两个以上的受力点在一个物体上，每个点的力互相抵消，物体仍保持原来的运动状态。美的均衡是通过内在美和外在美的秩序来表现的。美的均衡表现是相对的，在哲学上指矛盾暂时的相对统一。美的均衡有活泼多变、灵巧生动、富于趣味、轻快的特点。

均衡是物体重要的平衡关系。均衡会使人有平衡、稳重的感觉，也是造型美的表现形式之一。视觉的均衡取决于形状、线条、体积、方向等要素，根据要素的特点进行独立、分散、综合的组合，就会产生各种各样、形式多变的均衡感。平均整齐的均衡属正式均衡，不平均整齐的均衡属非正式均衡。不平均整齐的均衡是指左右的量及形状变化所产生的平衡。例如，大人与小孩玩跷跷板就形成了对比，但有时也能保持一定的平衡。在处理发型美的均衡时，要依靠经验和对均衡的正确理解来指导创新思维，处理好聚与散、疏与密、大与小、高与低的变化关系。

5. 美的节奏

节奏是有规律的突变，是自然、社会和人活动的节拍韵律，具有条理性、重复性、连续性。节奏不仅限于声音层面，景物的运动和情感的运动也会形成节奏的美感。

　　事物由运动到静止、由起到伏，循环往复，把各种变化因素加以组织，构成前后连贯的有序整体，即节奏。节奏是艺术美的灵魂。例如，瀑布的轰鸣声、大海的波涛声、小溪的流水声、音乐节奏的快慢、抑扬顿挫的音符都是节奏。在发型设计上，发丝流畅的线条、层次错落的高低、块面的大小、轮廓的起伏、色彩的变化等就是发型节奏美的表现。例如，波浪发型、螺旋发型、翻翘发型、叠加层次发型、过渡式染发、交替式染发等，都体现了整体一致的连续性和反复的重叠性。这种反复、重叠给人以节奏明快的美感，是塑造柔美、动感发型的表现手段。

　　发式造型属于三维立体的空间艺术，它运用相关的创作理念，根据发式造型的规律和造型要素去构思与创作，如发丝流向的变化、轮廓大小的变化、发质与发量的变化、色彩与纹理的变化等，都体现一种美的节奏与韵律。

　　节奏既是主观与客观的统一，也是心理与生理的统一。如果审美对象所表现的节奏符合人的感觉器官和运动器官，符合人的生理自然节奏，就会让人感到和谐、愉快，产生对审美对象的好感。

6. 美的统一与变化

　　统一是为了整齐有序，变化是为了丰富多彩，统一与变化是设计完美造型的法则。在设计发型的时候，要求形状统一、整体统一，没有统一就会杂乱无章。发型设计单靠统一是不够的，还要进行变化，变化了才能有新鲜感，才能有造型美，才能满足人们美的追求。

　　统一是指形式成一体、有秩序、有规律、一致没有分歧、没有差别。

　　变化是指形式产生新的状况，在形态上或本质上有差别、不一致、多样化。

　　发型设计是用美发技艺将部分连成整体，将分歧归于一致。改变秩序与规律，变化事物运动的规律，这也是统一。事物既有相互统一的一面，又有变化的一面，若没有相互紧密结合，就不能达到美的境界。以服装为例，整齐的服装适合比较正式的场合，会给人带来一种严肃而又庄重的美感。目前，人们的生活水平在不断提高，娱乐生活也越来越丰富，社交场所也越来越多，对服装和发型的要求也越来越讲究。因此要变化，变化的服装、变化的发型会冲击人们的视觉，丰富人们的文化生活。在发型制作中要善于变化、敢于变化，在变化中寻找美、享受美。例如，在制作波浪发型时，可以变化波浪的间距大小、波浪的起伏高低、波浪的卷曲程度等，变化可以给人带来更多优美的发型。

在发型设计过程中，把握好统一与变化的尺度，如果过分统一缺乏必要的变化，则会使人感到贫乏、单调、无趣味感。许多艺术品来自于变化，艺术的奥妙也在于变化，变化的尺度具有艺术性。过于讲究变化，缺乏统一则会杂乱无章，支离破碎，失去和谐。统一与变化是构成发型美的基本原理，只有在发型制作过程中，将头发弹力与张力的统一、秩序与流向的统一、发型与脸型的统一等相互贯通，在统一中求得变化，在变化中求得统一，才能使发型更生动活泼，具有艺术美感。

发型美的本质特征决定了发型设计的形象思维和艺术创新的构思形式。美是一种客观的社会现象，是一种发展的文化共识，是人们的思想集合。美可以体现内在的，也可以体现外在的，如经常说的心灵美、神态美、语言美、姿态美、形象美等。发型美的表达是多样化、多形式的，是由内在的形态意识与外在的形体表现相结合的。发型美结合了人们对美的理解与对生活层次的需求。以主观强烈的视觉冲击力为美感的专业场合表现的发型，如时装秀、发型发布会、发型表演赛等舞台表演，这种美感的表现方式会给观众带来较强的视觉影响。美发师在日常发型制作过程中，发型美则以顾客的心理需求为标准，外在与内在的美感要具有实用性与自然性，符合社会环境与生活环境，突出个性特征。发型美的本质就是人们在不同的生活层次需求下，对形象美的想象力、创造力及创新力，以人们的头发为技术和艺术形态的支点，通过自然美、艺术美等不同的表现形式，表达现代社会人们对美的认知。

二、发型美的特征

发型美的特征是指用外在形式将发型美的本质表现出来。

1. 欣赏性

发型美要多角度地去欣赏，看外在的形象表现力是否有观赏性、功能性，是否有价值。

2. 功用性

功用性是指针对人们的生活需求、个性需求，对相关因素进行相对性的修改及转变。

3. 形象性

形象性通常指人们在观赏发型时，对发型由外到内、由大到小的视觉感受，以及发型空间内的表现结构。

4. 象征性

象征性是指通过发型表面形态去表现和传递一种概括的思想情感、意境联想或抽象概念的审美属性。

5. 趋向性

趋向性是指在一定时代、层面、民族和地域共同审美观念制约下，发型流行趋向的共同性。

6. 差异性

由于个人生活经历、职业环境、性格气质、文化素养、心理因素、审美能力不同，对发型美的感觉存在差异。

7. 装饰性

发型美的装饰性是由发型艺术作品中的艺术性成分构成的，使发型更具审美价值。

8. 综合性

发型美的综合性表现为发型美与个人仪表、行为举止、气质风度等的和谐统一。

培训项目 **2**

发型美的形态风格和现代发型形式美法则应用

熟悉发型美的形态风格。

熟悉现代发型形式美法则应用。

一、发型美的形态风格

在一般美学理论中把美的形态分为不同领域的美和不同表现形态的美。发型美的形态风格大致有以下几个方面。

1. 发质自然美

人的头发本身就具有美的自然状态。头发不需要任何的加工和处理，自然生长，自然垂落，这些都是人体美的组成部分。俗话说"自然就是美"，发质也是如此。

2. 人体和谐美

人体本身就是一种美，发型映衬人的脸型、头型、体型。发型通过工艺技巧进行艺术加工，塑造与人体相呼应、相补充、相配合的和谐统一。

3. 服饰配合美

服饰美突出人的体型美，发型美突出人的头部美，两者相互配合可以达到人体的整体美。

4. 工艺技术美

在自然发质条件下，运用美发工艺技术制作发型，体现发型的工艺技术美。

5. 举止行为美

社会环境下的发型美具有时代性、实用性、观赏性，只有在人的举止行为美与发型美相统一的条件下，才能体现发型美的存在感。

6. 结构形式美

任何一款发型都有它的结构形式。利用头发的自然形态和性能，运用工艺技术进行艺术加工，塑造出体现发型美的形式，形成一定的结构形式美。

二、现代发型形式美法则应用

现代发型形式美法则应用可以理解为一种创作设计的方法，对这种方法的合理把握比较复杂，需要设计者把握好发型形式美的结构布局、块面形状、纹理线条、发丝流向等。随着发型制作工艺的不断革新、不断变化，发型制作工艺已进入多种形态、多种技术、多种方法的综合时代。其中，运用点、线、面作为设计的基本要素，使发型的设计理念产生了重大的变化，也为发型设计找到了依据，对发型的设计起到了引导作用。

点、线、面是几何学中的概念，是平面空间的基本元素，在美学中是美的表达形式，在发型中是艺术的表现手段和语言，也是设计的要素。点被看作零维对象，线被看作一维对象，面被看作二维对象。点的移动形成线，无数条线形成面，点是极小的面，线是极窄的面。面的组合形成空间和体积。由点创造了线，由线组成了面。在发型设计中，点、线、面的关系是不可分割的。

1. 点的运用

在几何学上，点只有位置。在发型设计中，点是设计要素的基础，点是缩小的面，点与点之间是用线连接的。在造型设计中，点运用得比较广泛，点的位置不同给人的视觉效果也有所不同。

（1）出现一个点时，人的目光会聚焦在这个点上，形成以点为中心的视觉效果。

（2）出现两个点时，人的视线就会随着两个点而晃动，注意力分散，思想不集中，甚至形成相互对抗的感觉。点有大与小的变化，若出现大小不同的两个点时，会造成人的视线转移，视觉上会由大向小或由小向大移动而产生运动感，把两个点用线连接起来会使人有方向感。

（3）出现三个点时，可让人形成稳定感。点与点连接会形成面。

（4）出现三个以上的点时，要把握好点的节奏，避免涣散、杂乱的状态。

在发型设计时，控制不好发型的节奏会使发型产生凌乱感。点的大小、顺序和位置的变化会引起视觉上的聚散、引导作用。

2. 线的运用

线是点运动的轨迹，又是面运动的起点，也是发型构成的关键要素。

（1）线条的分类

1）直线。

2）曲线。

（2）线条在发型中的表达

1）直线在发型设计中起引导和延伸的作用，给人以刚劲、正直、有力的感觉。水平线给人以平稳、沉着、宽阔、安静的感觉。斜线给人以变化、运动、不稳定的感觉。

2）曲线是动感极强的线条，它包含的空间和容量是多样的。S形曲线给人以高贵、流畅、含蓄、圆润的感觉，C形曲线给人以轻快、活泼、年轻、朝气的感觉，旋涡曲线给人以华丽、迷人的感觉。

（3）线条在发型设计中的印象

1）自由曲线给人以自由、奔放的感觉。

2）粗线条具有刚劲有力感，有利于块面的形成。

3）细线条具有柔弱纤细感，有利于块面的分割。

4）长线条具有流畅柔和感，竖直平行排列给人以整体升腾感，而水平平行排列给人以沉稳开阔感。

5）短线条给人以力量和停顿感，水平或竖直排列给人以层次急促感。

（4）线条运动的方向。在发型设计中，发丝的流向就是线条运动的方向，是发型各具特色的表现形式。不同线条的走向会产生不同的发型动态。线条的走向应与脸型、头型、身高相协调，局部的线条走向应与整体的线条走向相协调。在塑造发型过程中，形成了离心线条和向心线条，它们的关系是相互依存的，离心线条和向心线条都有直线、曲线之分。

1）向心线条给人以庄重、含蓄感，向心形的发丝流向配合离心形的脸型。

2）离心线条给人以豪放的方向感，离心形的发丝流向配合向心形的脸型。

（5）线条间的分界。在发型制作时，头发修剪的分区，造型的头缝划分，烫发、染色的发区之间的分界都会用到各种直线、曲线。发型的变化与不同线条的运用有着不可分割的关系，线条与发型制作密不可分。

（6）线条与层次。在发型设计中，线条形式的变化、线条长短的变化、线条分布的变化会使头发的修剪与造型层次产生不同的变化，从而形成各种各样的发型效果。

线条美是发型美的重要表现形式，各种线条都有它的美学特征。线条的运用应该符合节奏和韵律感，切不可杂乱无章。

3. 面的运用

一根封闭的线形成了面，无数条线形成了面，线条是组合形成面的基本单位。线条在头部长短分布形成层次，而每种层次轮廓形成的形状就是面。

（1）直线面的性格。直线面的发型给人以沉静、强劲、冷淡、稳定之感，如长发水平修剪，它是由无数根竖直的直线所形成的面。

（2）直线面的形状。直线面又可分为方形、倒三角形、正三角形。方形的面给人以刚劲、稳重之感，如水平修剪的发型。

思考题

1. 发型美的本质包括哪些内容？
2. 发型美的特征有哪些？
3. 发型美的形态风格包括哪些方面的内容？
4. 现代发型形式美法则如何应用？

职业模块 ⑬
相关法律法规知识

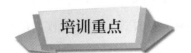

培训项目　1

劳动法

培训重点

了解劳动法的概念。
了解劳动法的主要内容。

一、劳动法的概念

劳动法是关于企业与员工之间关系的法律。劳动法有狭义与广义两种形式。狭义的劳动法仅指《中华人民共和国劳动法》(简称《劳动法》)。广义的劳动法是指调整劳动关系以及与劳动关系有密切联系的其他社会关系的法律规范的总称，即劳动法律制度，除《劳动法》外还包括就业促进法、劳动合同法、工会法等其他法律、行政法规。此外，广义的劳动法还包括公司法、企业法等相关的法律法规。

我国劳动法调整两种法律关系，一是劳动关系，二是与劳动关系密切联系的其他社会关系。劳动关系是劳动法调整的主要社会关系。劳动法调整的其他社会关系是指在劳动关系运行过程中及其前后因实现劳动关系而发生的社会关系。

劳动关系不是孤立的社会关系，在社会化大生产条件下，劳动关系的状态直接关系到国民经济的整体运行。同时，由于劳动力的社会性，劳动关系直接影响社会的安定。因此，还存在一些以劳动关系为中心，并与劳动关系密切联系的其他社会关系。换言之，这些关系有的是发生劳动关系的必要前提，有的是劳动关系的直接后果，有的是随着劳动关系而附带产生的，这些关系包括以下几个方面。

第一，处理劳动争议而发生的关系。这是有关国家机关、人民法院和工会组织由于调节、仲裁和审理劳动争议而发生的关系。

第二，执行社会保险而发生的关系。这是指社会保险机构与企事业单位及职工之间因执行社会保险而发生的关系（职工包括离退休人员）。

第三，监督劳动法令执行而发生的关系。这是指有关国家机关、工会组织、企事业单位、机关团体因监督、检查劳动法令执行情况而发生的关系。

第四，工会组织与企事业单位、国家机关之间的关系。

第五，因劳动行政管理而发生的关系。这是指劳动行政部门因企事业单位、国家团体实施劳动工作管理而发生的关系。

这些社会关系中最重要的是劳动行政管理关系。劳动行政管理关系是在协调和保护劳动关系的过程中产生的，它以建立和谐、稳定的劳动关系为基本目标，以维护社会利益为价值取向。它以管理与服务相结合的重要方式，通过公权力的介入，弥补市场机制的缺陷，避免效率与公平之间的不均衡。

二、劳动法的主要内容

《劳动法》为我国劳动法律体系建立了基本框架。《劳动法》共有 13 章 107 条，包括总则、促进就业、劳动合同和集体合同、工作时间和休息休假、工资、劳动安全卫生、女职工和未成年工特殊保护、职业培训、社会保险和福利、劳动争议、监督检查、法律责任和附则。

总则包括劳动法的立法宗旨、法律适用范围、劳动者基本权利与义务、用人单位的基本职责、国家对劳动管理应履行的职责、国家对待劳动的态度和指导方针、工会在调整劳动关系方面的地位、民主管理等规定。

国家在劳动方面的基本职责是采取各种措施，促进就业，发展职业教育，制定劳动标准，调节社会收入，协调劳动关系，逐步提高劳动者的生活水平。国家的劳动基本方针是提倡劳动者参加社会义务劳动，开展劳动竞赛和合理化建议活动，鼓励和保护劳动者进行科学研究、技术革新和发明创造，表彰奖励劳动模范和先进工作者。

培训项目 ② 劳动合同法

了解劳动合同的概念。

了解劳动合同的内容。

了解劳动合同的签订、履行与变更。

了解劳动合同的解除。

一、劳动合同的概念

劳动合同是劳动者与用人单位之间确立劳动关系、明确双方权利和义务的协议。《中华人民共和国劳动合同法》(简称《劳动合同法》)第十条规定,用人单位与劳动者建立劳动关系,应当订立书面劳动合同。

二、劳动合同的内容

劳动合同条款是劳动合同内容的文字表述,它将劳动关系双方当事人的权利和义务具体化,因此完备和明确是法律对劳动合同条款的基本要求。劳动合同条款有法定必备条款和约定条款。

1. 劳动合同的法定必备条款

法定必备条款(又称必备条款、法定条款)是指根据《劳动合同法》的规定必须具备的条款。《劳动合同法》第十七条第一款规定,劳动合同应当具备以下条款:用人单位的名称、住所和法定代表人或者主要负责人;劳动者的姓名、住址和居民身份证或者其他有效身份证件号码;劳动合同期限;工作内容和工作地点;工作时间和休息休假;劳动报酬;社会保险;劳动保护、劳动条件和职业危害防护；法律、法规规定应当纳入劳动合同的其他事项。

2. 劳动合同的约定条款

除法定必备条款以外，劳动合同还有约定条款（又称可备条款、约定必备条款），它是指劳动合同双方当事人经过自愿协商而形成的条款。约定条款是法定必备条款的必要补充，其对劳动合同可否依法成立在一定程度上有决定性意义。约定条款与法定必备条款具有同样的法律效力，在订立合同的过程中，应当尽量具体化，具有可操作性。《劳动合同法》第十七条第二款规定，劳动合同除前款规定的必备条款外，用人单位与劳动者可以约定试用期、培训、保守秘密、补充保险和福利待遇等其他事项。

除了以上条款外，用人单位还可以就职业技术培训、民主权利、工作时间、休息休假等多方面的内容与劳动者进行协商，根据劳动合同订立时的情况和法律法规的规定确定劳动合同的内容。

三、劳动合同的签订、履行与变更

1. 劳动合同的签订

《劳动合同法》第三条规定，订立劳动合同，应当遵循合法、公平、平等自愿、协商一致、诚实信用的原则。

用人单位自用工之日起即与劳动者建立劳动关系。用人单位与劳动者在用工前订立劳动合同的，劳动关系自用工之日起建立。已建立劳动关系、未同时订立书面劳动合同的，用人单位应当自用工之日起一个月内订立书面劳动合同。

2. 劳动合同的履行

劳动合同的履行是指合同当事人履行劳动合同约定义务的法律行为，即劳动者与用人单位按照劳动合同的要求，共同实现劳动过程和各自合法权益。劳动合同依法订立就必须履行，这既是《劳动合同法》赋予合同当事人双方的义务，也是劳动合同对双方当事人具有法律约束力的主要表现。劳动合同的履行应当遵循实际履行原则、全面履行原则、亲自履行原则、协作履行原则。

3. 劳动合同的变更

劳动合同依法订立后，用人单位与劳动者协商一致后可对原合同内容做部分改变，称作劳动合同的变更。只要变更的行为和内容不涉及违法行为，变更即为有效。

劳动合同的变更一般经过提议、协商、改订三个阶段。如果在协商中无法达成一致意见，任何一方都有权向当地劳动争议仲裁机构申请仲裁。变更后的劳动合同对双方当事人均具有法律约束力。因变更劳动合同而给一方造成经济损失的，一般应由另一方或致损一方承担经济赔偿责任，但不承担违反劳动合同的责任；若是非法或单方面变更劳动合同而使对方受损的，则还需承担违反劳动合同的责任。

四、劳动合同的解除

劳动合同期限届满之前，当事人单方面或双方提前终止劳动关系的合法行为，称作劳动合同的解除。提前终止是指劳动合同所规定的当事人的权利与义务关系还没有完全履行前终止合同。

劳动合同的解除必定是基于当事人的意愿而生，否则尽管在履行劳动合同的过程中出现各种各样的情况，劳动合同还会继续存在下去，一直到当事人的权利与义务完全履行。

培训项目 **3**

消费者权益保护法

了解《中华人民共和国消费者权益保护法》的主要内容。

了解《中华人民共和国消费者权益保护法》对美发行业的要求。

第一章　总则

第一条　为保护消费者的合法权益，维护社会经济秩序，促进社会主义市场经济健康发展，制定本法。

第二条　消费者为生活消费需要购买、使用商品或者接受服务，其权益受本法保护；本法未作规定的，受其他有关法律、法规保护。

第三条　经营者为消费者提供其生产、销售的商品或者提供服务，应当遵守本法；本法未作规定的，应当遵守其他有关法律、法规。

第四条　经营者与消费者进行交易，应当遵循自愿、平等、公平、诚实信用的原则。

第五条　国家保护消费者的合法权益不受侵害。

国家采取措施，保障消费者依法行使权利，维护消费者的合法权益。

国家倡导文明、健康、节约资源和保护环境的消费方式，反对浪费。

第六条　保护消费者的合法权益是全社会的共同责任。

国家鼓励、支持一切组织和个人对损害消费者合法权益的行为进行社会监督。

大众传播媒介应当做好维护消费者合法权益的宣传，对损害消费者合法权益的行为进行舆论监督。

第二章　消费者的权利

第七条　消费者在购买、使用商品和接受服务时享有人身、财产安全不受损害的权利。

消费者有权要求经营者提供的商品和服务，符合保障人身、财产安全的要求。

第八条　消费者享有知悉其购买、使用的商品或者接受的服务的真实情况的权利。

消费者有权根据商品或者服务的不同情况，要求经营者提供商品的价格、产地、生产者、用途、性能、规格、等级、主要成分、生产日期、有效期限、检验合格证明、使用方法说明书、售后服务，或者服务的内容、规格、费用等有关情况。

第九条　消费者享有自主选择商品或者服务的权利。

消费者有权自主选择提供商品或者服务的经营者，自主选择商品品种或者服务方式，自主决定购买或者不购买任何一种商品、接受或者不接受任何一项服务。

消费者在自主选择商品或者服务时，有权进行比较、鉴别和挑选。

第十条　消费者享有公平交易的权利。

消费者在购买商品或者接受服务时，有权获得质量保障、价格合理、计量正确等公平交易条件，有权拒绝经营者的强制交易行为。

第十一条　消费者因购买、使用商品或者接受服务受到人身、财产损害的，享有依法获得赔偿的权利。

第十二条　消费者享有依法成立维护自身合法权益的社会组织的权利。

第十三条　消费者享有获得有关消费和消费者权益保护方面的知识的权利。

消费者应当努力掌握所需商品或者服务的知识和使用技能，正确使用商品，提高自我保护意识。

第十四条　消费者在购买、使用商品和接受服务时，享有人格尊严、民族风俗习惯得到尊重的权利，享有个人信息依法得到保护的权利。

第十五条　消费者享有对商品和服务以及保护消费者权益工作进行监督的权利。

消费者有权检举、控告侵害消费者权益的行为和国家机关及其工作人员在保护消费者权益工作中的违法失职行为，有权对保护消费者权益工作提出批评、建议。

第三章　经营者的义务

第十六条　经营者向消费者提供商品或者服务，应当依照本法和其他有关法律、法规的规定履行义务。

经营者和消费者有约定的，应当按照约定履行义务，但双方的约定不得违背法律、法规的规定。

经营者向消费者提供商品或者服务，应当恪守社会公德，诚信经营，保障消费者的合法权益；不得设定不公平、不合理的交易条件，不得强制交易。

第十七条　经营者应当听取消费者对其提供的商品或者服务的意见，接受消费者的监督。

第十八条　经营者应当保证其提供的商品或者服务符合保障人身、财产安全的要求。对可能危及人身、财产安全的商品和服务，应当向消费者作出真实的说明和明确的警示，并说明和标明正确使用商品或者接受服务的方法以及防止危害发生的方法。

宾馆、商场、餐馆、银行、机场、车站、港口、影剧院等经营场所的经营者，应当对消费者尽到安全保障义务。

第十九条　经营者发现其提供的商品或者服务存在缺陷，有危及人身、财产安全危险的，应当立即向有关行政部门报告和告知消费者，并采取停止销售、警示、召回、无害化处理、销毁、停止生产或者服务等措施。采取召回措施的，经营者应当承担消费者因商品被召回支出的必要费用。

第二十条　经营者向消费者提供有关商品或者服务的质量、性能、用途、有效期限等信息，应当真实、全面，不得作虚假或者引人误解的宣传。

经营者对消费者就其提供的商品或者服务的质量和使用方法等问题提出的询问，应当作出真实、明确的答复。

经营者提供商品或者服务应当明码标价。

第二十一条　经营者应当标明其真实名称和标记。

租赁他人柜台或者场地的经营者，应当标明其真实名称和标记。

第二十二条　经营者提供商品或者服务，应当按照国家有关规定或者商业惯例向消费者出具发票等购货凭证或者服务单据；消费者索要发票等购货凭证或者服务单据的，经营者必须出具。

第二十三条　经营者应当保证在正常使用商品或者接受服务的情况下其提供

的商品或者服务应当具有的质量、性能、用途和有效期限；但消费者在购买该商品或者接受该服务前已经知道其存在瑕疵，且存在该瑕疵不违反法律强制性规定的除外。

经营者以广告、产品说明、实物样品或者其他方式表明商品或者服务的质量状况的，应当保证其提供的商品或者服务的实际质量与表明的质量状况相符。

经营者提供的机动车、计算机、电视机、电冰箱、空调器、洗衣机等耐用商品或者装饰装修等服务，消费者自接受商品或者服务之日起六个月内发现瑕疵，发生争议的，由经营者承担有关瑕疵的举证责任。

第二十四条　经营者提供的商品或者服务不符合质量要求的，消费者可以依照国家规定、当事人约定退货，或者要求经营者履行更换、修理等义务。没有国家规定和当事人约定的，消费者可以自收到商品之日起七日内退货；七日后符合法定解除合同条件的，消费者可以及时退货，不符合法定解除合同条件的，可以要求经营者履行更换、修理等义务。

依照前款规定进行退货、更换、修理的，经营者应当承担运输等必要费用。

第二十五条　经营者采用网络、电视、电话、邮购等方式销售商品，消费者有权自收到商品之日起七日内退货，且无需说明理由，但下列商品除外：

（一）消费者定做的；

（二）鲜活易腐的；

（三）在线下载或者消费者拆封的音像制品、计算机软件等数字化商品；

（四）交付的报纸、期刊。

除前款所列商品外，其他根据商品性质并经消费者在购买时确认不宜退货的商品，不适用无理由退货。

消费者退货的商品应当完好。经营者应当自收到退回商品之日起七日内返还消费者支付的商品价款。退回商品的运费由消费者承担；经营者和消费者另有约定的，按照约定。

第二十六条　经营者在经营活动中使用格式条款的，应当以显著方式提请消费者注意商品或者服务的数量和质量、价款或者费用、履行期限和方式、安全注意事项和风险警示、售后服务、民事责任等与消费者有重大利害关系的内容，并按照消费者的要求予以说明。

经营者不得以格式条款、通知、声明、店堂告示等方式，作出排除或者限制消费者权利、减轻或者免除经营者责任、加重消费者责任等对消费者不公平、不合理的规定，不得利用格式条款并借助技术手段强制交易。

格式条款、通知、声明、店堂告示等含有前款所列内容的，其内容无效。

第二十七条 经营者不得对消费者进行侮辱、诽谤，不得搜查消费者的身体及其携带的物品，不得侵犯消费者的人身自由。

第二十八条 采用网络、电视、电话、邮购等方式提供商品或者服务的经营者，以及提供证券、保险、银行等金融服务的经营者，应当向消费者提供经营地址、联系方式、商品或者服务的数量和质量、价款或者费用、履行期限和方式、安全注意事项和风险警示、售后服务、民事责任等信息。

第二十九条 经营者收集、使用消费者个人信息，应当遵循合法、正当、必要的原则，明示收集、使用信息的目的、方式和范围，并经消费者同意。经营者收集、使用消费者个人信息，应当公开其收集、使用规则，不得违反法律、法规的规定和双方的约定收集、使用信息。

经营者及其工作人员对收集的消费者个人信息必须严格保密，不得泄露、出售或者非法向他人提供。经营者应当采取技术措施和其他必要措施，确保信息安全，防止消费者个人信息泄露、丢失。在发生或者可能发生信息泄露、丢失的情况时，应当立即采取补救措施。

经营者未经消费者同意或者请求，或者消费者明确表示拒绝的，不得向其发送商业性信息。

第四章 国家对消费者合法权益的保护

第三十条 国家制定有关消费者权益的法律、法规、规章和强制性标准，应当听取消费者和消费者协会等组织的意见。

第三十一条 各级人民政府应当加强领导，组织、协调、督促有关行政部门做好保护消费者合法权益的工作，落实保护消费者合法权益的职责。

各级人民政府应当加强监督，预防危害消费者人身、财产安全行为的发生，及时制止危害消费者人身、财产安全的行为。

第三十二条 各级人民政府工商行政管理部门和其他有关行政部门应当依照法律、法规的规定，在各自的职责范围内，采取措施，保护消费者的合法权益。

有关行政部门应当听取消费者和消费者协会等组织对经营者交易行为、商品和服务质量问题的意见，及时调查处理。

第三十三条 有关行政部门在各自的职责范围内，应当定期或者不定期对经营者提供的商品和服务进行抽查检验，并及时向社会公布抽查检验结果。

有关行政部门发现并认定经营者提供的商品或者服务存在缺陷，有危及人身、财产安全危险的，应当立即责令经营者采取停止销售、警示、召回、无害化处理、销毁、停止生产或者服务等措施。

第三十四条　有关国家机关应当依照法律、法规的规定，惩处经营者在提供商品和服务中侵害消费者合法权益的违法犯罪行为。

第三十五条　人民法院应当采取措施，方便消费者提起诉讼。对符合《中华人民共和国民事诉讼法》起诉条件的消费者权益争议，必须受理，及时审理。

第五章　消费者组织

第三十六条　消费者协会和其他消费者组织是依法成立的对商品和服务进行社会监督的保护消费者合法权益的社会组织。

第三十七条　消费者协会履行下列公益性职责：

（一）向消费者提供消费信息和咨询服务，提高消费者维护自身合法权益的能力，引导文明、健康、节约资源和保护环境的消费方式；

（二）参与制定有关消费者权益的法律、法规、规章和强制性标准；

（三）参与有关行政部门对商品和服务的监督、检查；

（四）就有关消费者合法权益的问题，向有关部门反映、查询，提出建议；

（五）受理消费者的投诉，并对投诉事项进行调查、调解；

（六）投诉事项涉及商品和服务质量问题的，可以委托具备资格的鉴定人鉴定，鉴定人应当告知鉴定意见；

（七）就损害消费者合法权益的行为，支持受损害的消费者提起诉讼或者依照本法提起诉讼；

（八）对损害消费者合法权益的行为，通过大众传播媒介予以揭露、批评。

各级人民政府对消费者协会履行职责应当予以必要的经费等支持。

消费者协会应当认真履行保护消费者合法权益的职责，听取消费者的意见和建议，接受社会监督。

依法成立的其他消费者组织依照法律、法规及其章程的规定，开展保护消费者合法权益的活动。

第三十八条　消费者组织不得从事商品经营和营利性服务，不得以收取费用或者其他牟取利益的方式向消费者推荐商品和服务。

第六章 争议的解决

第三十九条 消费者和经营者发生消费者权益争议的，可以通过下列途径解决：

（一）与经营者协商和解；

（二）请求消费者协会或者依法成立的其他调解组织调解；

（三）向有关行政部门投诉；

（四）根据与经营者达成的仲裁协议提请仲裁机构仲裁；

（五）向人民法院提起诉讼。

第四十条 消费者在购买、使用商品时，其合法权益受到损害的，可以向销售者要求赔偿。销售者赔偿后，属于生产者的责任或者属于向销售者提供商品的其他销售者的责任的，销售者有权向生产者或者其他销售者追偿。

消费者或者其他受害人因商品缺陷造成人身、财产损害的，可以向销售者要求赔偿，也可以向生产者要求赔偿。属于生产者责任的，销售者赔偿后，有权向生产者追偿。属于销售者责任的，生产者赔偿后，有权向销售者追偿。

消费者在接受服务时，其合法权益受到损害的，可以向服务者要求赔偿。

第四十一条 消费者在购买、使用商品或者接受服务时，其合法权益受到损害，因原企业分立、合并的，可以向变更后承受其权利义务的企业要求赔偿。

第四十二条 使用他人营业执照的违法经营者提供商品或者服务，损害消费者合法权益的，消费者可以向其要求赔偿，也可以向营业执照的持有人要求赔偿。

第四十三条 消费者在展销会、租赁柜台购买商品或者接受服务，其合法权益受到损害的，可以向销售者或者服务者要求赔偿。展销会结束或者柜台租赁期满后，也可以向展销会的举办者、柜台的出租者要求赔偿。展销会的举办者、柜台的出租者赔偿后，有权向销售者或者服务者追偿。

第四十四条 消费者通过网络交易平台购买商品或者接受服务，其合法权益受到损害的，可以向销售者或者服务者要求赔偿。网络交易平台提供者不能提供销售者或者服务者的真实名称、地址和有效联系方式的，消费者也可以向网络交易平台提供者要求赔偿；网络交易平台提供者作出更有利于消费者的承诺的，应当履行承诺。网络交易平台提供者赔偿后，有权向销售者或者服务者追偿。

网络交易平台提供者明知或者应知销售者或者服务者利用其平台侵害消费者合法权益，未采取必要措施的，依法与该销售者或者服务者承担连带责任。

第四十五条　消费者因经营者利用虚假广告或者其他虚假宣传方式提供商品或者服务，其合法权益受到损害的，可以向经营者要求赔偿。广告经营者、发布者发布虚假广告的，消费者可以请求行政主管部门予以惩处。广告经营者、发布者不能提供经营者的真实名称、地址和有效联系方式的，应当承担赔偿责任。

广告经营者、发布者设计、制作、发布关系消费者生命健康商品或者服务的虚假广告，造成消费者损害的，应当与提供该商品或者服务的经营者承担连带责任。

社会团体或者其他组织、个人在关系消费者生命健康商品或者服务的虚假广告或者其他虚假宣传中向消费者推荐商品或者服务，造成消费者损害的，应当与提供该商品或者服务的经营者承担连带责任。

第四十六条　消费者向有关行政部门投诉的，该部门应当自收到投诉之日起七个工作日内，予以处理并告知消费者。

第四十七条　对侵害众多消费者合法权益的行为，中国消费者协会以及在省、自治区、直辖市设立的消费者协会，可以向人民法院提起诉讼。

第七章　法律责任

第四十八条　经营者提供商品或者服务有下列情形之一的，除本法另有规定外，应当依照其他有关法律、法规的规定，承担民事责任：

（一）商品或者服务存在缺陷的；

（二）不具备商品应当具备的使用性能而出售时未作说明的；

（三）不符合在商品或者其包装上注明采用的商品标准的；

（四）不符合商品说明、实物样品等方式表明的质量状况的；

（五）生产国家明令淘汰的商品或者销售失效、变质的商品的；

（六）销售的商品数量不足的；

（七）服务的内容和费用违反约定的；

（八）对消费者提出的修理、重作、更换、退货、补足商品数量、退还货款和服务费用或者赔偿损失的要求，故意拖延或者无理拒绝的；

（九）法律、法规规定的其他损害消费者权益的情形。

经营者对消费者未尽到安全保障义务，造成消费者损害的，应当承担侵权责任。

第四十九条　经营者提供商品或者服务，造成消费者或者其他受害人人身伤害的，应当赔偿医疗费、护理费、交通费等为治疗和康复支出的合理费用，以及因误工减少的收入。造成残疾的，还应当赔偿残疾生活辅助具费和残疾赔偿金。造成死亡的，还应当赔偿丧葬费和死亡赔偿金。

第五十条　经营者侵害消费者的人格尊严、侵犯消费者人身自由或者侵害消费者个人信息依法得到保护的权利的，应当停止侵害、恢复名誉、消除影响、赔礼道歉，并赔偿损失。

第五十一条　经营者有侮辱诽谤、搜查身体、侵犯人身自由等侵害消费者或者其他受害人人身权益的行为，造成严重精神损害的，受害人可以要求精神损害赔偿。

第五十二条　经营者提供商品或者服务，造成消费者财产损害的，应当依照法律规定或者当事人约定承担修理、重作、更换、退货、补足商品数量、退还货款和服务费用或者赔偿损失等民事责任。

第五十三条　经营者以预收款方式提供商品或者服务的，应当按照约定提供。未按照约定提供的，应当按照消费者的要求履行约定或者退回预付款；并应当承担预付款的利息、消费者必须支付的合理费用。

第五十四条　依法经有关行政部门认定为不合格的商品，消费者要求退货的，经营者应当负责退货。

第五十五条　经营者提供商品或者服务有欺诈行为的，应当按照消费者的要求增加赔偿其受到的损失，增加赔偿的金额为消费者购买商品的价款或者接受服务的费用的三倍；增加赔偿的金额不足五百元的，为五百元。法律另有规定的，依照其规定。

经营者明知商品或者服务存在缺陷，仍然向消费者提供，造成消费者或者其他受害人死亡或者健康严重损害的，受害人有权要求经营者依照本法第四十九条、第五十一条等法律规定赔偿损失，并有权要求所受损失二倍以下的惩罚性赔偿。

第五十六条　经营者有下列情形之一，除承担相应的民事责任外，其他有关法律、法规对处罚机关和处罚方式有规定的，依照法律、法规的规定执行；法律、法规未作规定的，由工商行政管理部门或者其他有关行政部门责令改正，可以根据情节单处或者并处警告、没收违法所得、处以违法所得一倍以上十倍以下的罚款，没有违法所得的，处以五十万元以下的罚款；情节严重的，责令停业整顿、吊销营业执照：

（一）提供的商品或者服务不符合保障人身、财产安全要求的；

（二）在商品中掺杂、掺假，以假充真，以次充好，或者以不合格商品冒充合格商品的；

（三）生产国家明令淘汰的商品或者销售失效、变质的商品的；

（四）伪造商品的产地，伪造或者冒用他人的厂名、厂址，篡改生产日期，伪造或者冒用认证标志等质量标志的；

（五）销售的商品应当检验、检疫而未检验、检疫或者伪造检验、检疫结果的；

（六）对商品或者服务作虚假或者引人误解的宣传的；

（七）拒绝或者拖延有关行政部门责令对缺陷商品或者服务采取停止销售、警示、召回、无害化处理、销毁、停止生产或者服务等措施的；

（八）对消费者提出的修理、重作、更换、退货、补足商品数量、退还货款和服务费用或者赔偿损失的要求，故意拖延或者无理拒绝的；

（九）侵害消费者人格尊严、侵犯消费者人身自由或者侵害消费者个人信息依法得到保护的权利的；

（十）法律、法规规定的对损害消费者权益应当予以处罚的其他情形。

经营者有前款规定情形的，除依照法律、法规规定予以处罚外，处罚机关应当记入信用档案，向社会公布。

第五十七条　经营者违反本法规定提供商品或者服务，侵害消费者合法权益，构成犯罪的，依法追究刑事责任。

第五十八条　经营者违反本法规定，应当承担民事赔偿责任和缴纳罚款、罚金，其财产不足以同时支付的，先承担民事赔偿责任。

第五十九条　经营者对行政处罚决定不服的，可以依法申请行政复议或者提起行政诉讼。

第六十条　以暴力、威胁等方法阻碍有关行政部门工作人员依法执行职务的，依法追究刑事责任；拒绝、阻碍有关行政部门工作人员依法执行职务，未使用暴力、威胁方法的，由公安机关依照《中华人民共和国治安管理处罚法》的规定处罚。

第六十一条　国家机关工作人员玩忽职守或者包庇经营者侵害消费者合法权益的行为的，由其所在单位或者上级机关给予行政处分；情节严重，构成犯罪的，依法追究刑事责任。

第八章　附则

第六十二条　农民购买、使用直接用于农业生产的生产资料，参照本法执行。

第六十三条　本法自 1994 年 1 月 1 日起施行。

培训项目 **4**

公共场所卫生管理条例

培训重点

了解《公共场所卫生管理条例》的主要内容。

了解《公共场所卫生管理条例》对美发行业的主要要求。

第一章　总则

第一条　为创造良好的公共场所卫生条件，预防疾病，保障人体健康，制定本条例。

第二条　本条例适用于下列公共场所：

（一）宾馆、饭馆、旅店、招待所、车马店、咖啡馆、酒吧、茶座；

（二）公共浴室、理发店、美容店；

（三）影剧院、录像厅（室）、游艺厅（室）、舞厅、音乐厅；

（四）体育场（馆）、游泳场（馆）、公园；

（五）展览馆、博物馆、美术馆、图书馆；

（六）商场（店）、书店；

（七）候诊室、候车（机、船）室、公共交通工具。

第三条　公共场所的下列项目应符合国家卫生标准和要求：

（一）空气、微小气候（湿度、温度、风速）；

（二）水质；

（三）采光、照明；

（四）噪音；

（五）顾客用具和卫生设施。

公共场所的卫生标准和要求，由国务院卫生行政部门负责制定。

第四条　国家对公共场所实行"卫生许可证"制度。

"卫生许可证"由县以上卫生行政部门签发。

第二章　卫生管理

第五条　公共场所的主管部门应当建立卫生管理制度，配备专职或者兼职卫生管理人员，对所属经营单位（包括个体经营者，下同）的卫生状况进行经常性检查，并提供必要的条件。

第六条　经营单位应当负责所经营的公共场所的卫生管理，建立卫生责任制度，对本单位的从业人员进行卫生知识的培训和考核工作。

第七条　公共场所直接为顾客服务的人员，持有"健康合格证"方能从事本职工作。患有痢疾、伤寒、病毒性肝炎、活动期肺结核、化脓性或者渗出性皮肤病以及其他有碍公共卫生的疾病的，治愈前不得从事直接为顾客服务的工作。

第八条　除公园、体育场（馆）、公共交通工具外的公共场所，经营单位应当及时向卫生行政部门申请办理"卫生许可证"。"卫生许可证"两年复核一次。

第九条　公共场所因不符合卫生标准和要求造成危害健康事故的，经营单位应妥善处理，并及时报告卫生防疫机构。

第三章　卫生监督

第十条　各级卫生防疫机构，负责管辖范围内的公共场所卫生监督工作。

民航、铁路、交通、厂（场）矿卫生防疫机构对管辖范围内的公共场所，施行卫生监督，并接受当地卫生防疫机构的业务指导。

第十一条　卫生防疫机构根据需要设立公共场所卫生监督员，执行卫生防疫机构交给的任务。公共场所卫生监督员由同级人民政府发给证书。

民航、铁路、交通、工矿企业卫生防疫机构的公共场所卫生监督员，由其上级主管部门发给证书。

第十二条　卫生防疫机构对公共场所的卫生监督职责：

（一）对公共场所进行卫生监测和卫生技术指导；

（二）监督从业人员健康检查，指导有关部门对从业人员进行卫生知识的教育和培训。

第十三条　卫生监督员有权对公共场所进行现场检查，索取有关资料，经营单位不得拒绝或隐瞒。卫生监督员对所提供的技术资料有保密的责任。

公共场所卫生监督员在执行任务时，应佩戴证章、出示证件。

第四章　罚则

第十四条　凡有下列行为之一的单位或者个人，卫生防疫机构可以根据情节轻重，给予警告、罚款、停业整顿、吊销"卫生许可证"的行政处罚：

（一）卫生质量不符合国家卫生标准和要求，而继续营业的；

（二）未获得"健康合格证"，而从事直接为顾客服务的；

（三）拒绝卫生监督的；

（四）未取得"卫生许可证"，擅自营业的。

罚款一律上交国库。

第十五条　违反本条例的规定造成严重危害公民健康的事故或中毒事故的单位或者个人，应当对受害人赔偿损失。

违反本条例致人残疾或者死亡，构成犯罪的，应由司法机关依法追究直接责任人员的刑事责任。

第十六条　对罚款、停业整顿及吊销"卫生许可证"的行政处罚不服的，在接到处罚通知之日起 15 天内，可以向当地人民法院起诉。但对公共场所卫生质量控制的决定应立即执行。对处罚的决定不履行又逾期不起诉的，由卫生防疫机构向人民法院申请强制执行。

第十七条　公共场所卫生监督机构和卫生监督员必须尽职尽责，依法办事。对玩忽职守，滥用职权，收取贿赂的，由上级主管部门给予直接责任人员行政处分。构成犯罪的，由司法机关依法追究直接责任人员的刑事责任。

第五章　附则

第十八条　本条例的实施细则由国务院卫生行政部门负责制定。

第十九条　本条例自发布之日起施行。

思考题

1.《中华人民共和国劳动法》主要包括哪些内容？

2.《中华人民共和国劳动合同法》主要包括哪些内容？

3.《中华人民共和国消费者权益保护法》主要包括哪些内容？

4.《公共场所卫生管理条例》主要包括哪些内容？